タンタン、ありがとう

神戸とパンダの記録

タンタン最期の日々

　胸に当てた手のひらに、温もりを感じ取った。命の火が、まだ消えていないのが分かった。

　がんばれ。戻って来い――。

　2024年3月31日、午後11時ごろ。神戸市立王子動物園の飼育員、梅元良次さんは市内の自宅から急いで駆けつけ、祈る思いで心臓マッサージを始めた。あおむけになったタンタンの体にまたがって、力を振り絞る。

　「いざという時にはしてもらわないといけないですからねって、以前獣医さんに言われたことがあって。そんなことできるんかなって、当時は冗談だと思ってた。でも、もう迷ってる場合じゃなくて。やるしかねえなって。戸惑いは全くなかったですね」

　ほかの飼育員と3人で交代しながら1時間。獣医師が、蘇生措置の中止を指示した。

　日付が変わる寸前の午後11時56分。日中両国のスタッフおよそ10人に見守られ、タンタンは天国に旅立った。もしかすると、梅元さんたちが到着するまでは頑張って持ちこたえようとしていたのかもしれない。

　タンタンが中国から神戸にやって来たのは2000年7月。6千人以上の命を奪った阪神・淡路大震災から5年半後のことだ。「日中共同飼育繁殖研究」での誘致は、大地震で傷ついた街を、子どもたちを励ますためでもあった。

　まるい体に短い脚。ぬいぐるみのようなシルエットで、お尻をふりふり歩いた。性格は気難しくて、マイペース。竹をより好んでは飼育員を困らせるグルメっぷりから、「神戸のお嬢さま」の愛称で親しまれた。

　そんな人気者に2021年3月、心臓疾患が判明した。診察や投薬が最優先として園は、22年3月からタンタンの一般公開を中止した。徐々に活動量が減り、2023年秋ごろからは固形のえさに手を付けなくなった。24年3月13日には、液体のサトウキビジュースも飲まなくなってしまった。

口にするのは水だけ。栄養補給が点滴頼みになったこの日から、一気に状態が悪化した。起きていても床にぺたっと寝そべったまま、ほとんど動かなかった。

これまで何度か危機を脱してきたが、それは自力で栄養が取れていたから。そう考えると、今回ばかりはちょっと難しいかもしれない——。梅元さんたちは、一般公開を中止している間も欠かさず続けてきた園公式SNSの投稿「#きょうのタンタン」を、3月20日に休止した。「やろうと思えばできたんでしょうけどね。『元気ですよ』『まだこの子は元気ですよ』って今まで通り投稿すると、うそになっちゃう気がして」

奇跡は起きなかった。3年にわたる闘病の末、最期は苦しむ様子はなく、眠るように一生を終えた。

4月1日、タンタンが死んで初めての朝。梅元さんはモニター越しについ、白黒の背中を探してしまっている自分に気がついた。

パンダ館の隣ではこの日、サクラが開花した。うららかな春の訪れ。タンタンが大きなタケノコを抱いておいしそうにかじる姿は、飼育員が最も愛する光景の一つだった。

全国から殺到した献花は屋内獣舎に収まりきらず、通路にまであふれた。

「なんなんでしょう。あんまり、『さようなら』って感じがしないんですよ。みんなの人生に入り込んでしまっているというか。あの子にはそういう、不思議な魅力があるんですよね」

だからなのか、なかなか泣けないのだと梅元さんは打ち明けた。「僕から皆さんに伝えたいのは、『忘れないであげてくださいね』ってことですかね。やっぱり、僕の中にもずっといますから」

タンタンが神戸に暮らした日々を、しぐさを、表情を、そして、関わった人たちの思いを振り返るとき、それは決して悲しい記憶ではない。愛くるしく、輝いていた姿で、たくさんの人の心の中に、これからも生き続けることだろう。

2024年5月　　　　　　　　　　　　神戸新聞報道部記者　井上太郎

CONTENTS

1章　神戸にパンダがやってくる

私たち神戸新聞社の「パンダ報道」は、
タンタンとコウコウが神戸にやって来る前から始まった。
最初の記事は2頭が神戸の地を踏む2年前にさかのぼる。
当時の神戸市長と中国共産党幹部のトップ会談、
いわゆるストレートニュースとして伝えられた。
いよいよ神戸に到着する2カ月前、
連載「パンダが神戸にやって来る」がスタートした。

日本で3例目のパンダが、神戸に

1998年7月10日

　神戸市立王子動物園で、日中共同によるジャイアントパンダの飼育研究を行うことが9日、決まった。中国を訪問中の笹山幸俊神戸市長と、中国共産党の李瑞環全国政治協商会議主席の間で合意に達したもので、早ければ2000年にも神戸にパンダがやってくることになった。

　具体的な条件や開始時期、期間、頭数などについては今後協議するが、神戸市では「王子動物園の受け入れ環境が整う2000年にも実現できる」と話している。

　同市は今年6月、中国野生保護動物協会との間で希少動植物の国際取引を規制するワシントン条約に触れない「共同飼育研究の意向を示す覚書」に調印するなど、事務レベルの協議を進めていた。

　ジャイアントパンダは現在、日本では東京・上野動物園で2頭、和歌山県のアドベ

「ポートピア'81」で神戸にお目見えしたパンダのロンロン（左）とサイサイ。愛きょうある動きで人気を呼んだ＝81年9月10日

ンチャーワールドで1頭が飼育されているだけ。神戸には「ポートピア'81」の開かれた81年3月から半年間、中国から2頭借り受けて、会場で展示したことがある。

1999年5月7日

　ジャイアントパンダの共同飼育研究を協議するため中国を訪問中の笹山幸俊神戸市長と、中国野生動物保護協会の王福興副会長兼秘書長は6日、北京市内のホテルで研究意向書に調印した。これにより、雄、雌1頭ずつのパンダが来年4月から10年間、神戸市灘区の市立王子動物園で飼育されることが正式に決まった。

1999年11月1日

　ジャイアントパンダの日中共同飼育・繁殖研究を協議するため、中国技術代表団が1日、神戸市を訪れ、来年4月から同市立王子動物園で飼育予定の個体2頭の候補を内定したことを明らかにした。2頭はすでに管理上の名前はあるが、同団は「市民みなさんの手で、子どもたちに好まれる名前をつけてほしい」と依頼し、笹山幸俊市長も日本での名前を公募する方針を示した。日本に来るパンダの名前を公募するのは初めて。

　上野動物園で生まれた子どもの名前を公

募したケースがあったが、親パンダはいずれも中国での名前がそのまま使われていた。

王子動物園では現在、来年６月ごろからの一般公開に向け、約３億円をかけてパンダ舎を建設している。周辺の住民らは、まちの活性化につなげようと「パンダ委員会」を発足させ、最寄り駅から同園までの通りを「パンダストリート」と名づける提案や、パンダせんべい・まんじゅうを売り出そうという話も出ている。

やんちゃ坊主

ちょっぴりシャイ

食いしん坊の雄（３歳、上）と、おとなしく恥ずかしがり屋の雌（４歳）＝中国・四川省、中国保護パンダ研究センター

6月に公開予定

王子動物園

パンダ　神戸らしい名前つけて

神戸らしいかわいい名前をつけて。神戸市灘区の市立王子動物園は、六月中旬から公開予定のジャイアントパンダの雄と雌の名前を募集する。

パンダは日中共同飼育・繁殖研究として十年間、同園が飼育する。国内では東京の上野動物園、和歌山のアドベンチャーワールドに続いて三例目。

二頭は、四川省の「中国保護パンダ研究センター臥龍自然保護区」にいる四十頭の中から選ばれた。雄は三歳で、体重九十㌔。雌は四歳で八十㌔。当初は十歳と十一歳の予定だったが、より繁殖に適するようにと、この二頭に変わった。三月中旬から二週間、現地で研修し、二頭に会ってきた同園の奥乃弘一郎獣医師（容八）は「雄はとにかく元気で食いしん坊。雌は足が少し短く、ぬいぐるみのようにかわいかった」と来園が待ち遠しい様子。しかし、中国側の輸出手続きが遅れており、来園予定は当初の四月下旬から少しずれ込む見込み。

二頭ともすでに名前があるが、中国側の「ぜひ神戸のみなさんに親しまれる新しい名前を」との好意で、初めて公募することになった。

来月10—24日の間に公募

来園待ち遠しいネ

応募期間は五月十日—二十四日。採用されると、ジャイアントパンダのぬいぐるみや腕時計などが贈られる。

はがきに雄、雌の名前を一件ずつ、愛称の意味やパンダへの思いも明記の上〒657-0838 神戸市灘区王子町三ノ一、神戸市立王子動物園「ジャイアントパンダの愛称募集係」。問い合わせは同園☎078・861・5624。

2000年4月22日

パンダが神戸にやって来る

初対面

中国で知った本当の魅力

　目的は10年間の日中飼育・繁殖共同研究。日本では東京の上野動物園などに続いて3例目。愛らしい表情やしぐさ。環境保護のシンボルで、生態になぞが多いのも特徴だ。パンダって一体何なんだ？　公開される予定の「神戸パンダ」の魅力を探った。

　2000年3月18日。王子動物園「パンダプロジェクト」のメンバー2人が中国中西部の四川省に入った。でこぼこ道をトラックで3時間。長江の支流をいくつも越える。6000メートル級の山が連なる巴顔喀拉山脈を土ぼこりをあげて上っていく。

　垂直にそびえる山々。岩肌にしがみつく

ように伸びる木々。年200日は周囲を覆うという湿った霧。さながら水墨画の原風景だ。

　臥龍保護区に入った。小さな谷間に「中国保護大熊猫研究中心」があった。中国に2カ所あるパンダ保護センターのひとつだ。

　訪問の目的は、神戸に来るパンダ2頭の飼育研修。小さなゲートをくぐる。白壁のパンダ舎に、昨秋生まれたばかりの赤ちゃんから老獣まで、38頭が元気に動き回っていた。

　「わあ、すごい数やな」

　獣医の奥乃弘一郎さんは目をみはった。世界の珍獣がこれだけいれば、専門家も驚くのだ。そして、二つ目の感想は——。

　「パンダって、こんなに生き生きと活動する動物なのか」

食いしん坊のチンズー（左）と
恥ずかしがりやのスゥアンスゥアン（右）

奥乃さんは研究目的や家族旅行で、日本には３頭だけしかいないパンダを上野動物園や和歌山の白浜アドベンチャーワールドで見てきた。でも、飼育舎で寝ているか、あてもなく歩く姿しか知らなかった。

臥龍では違った。木の枝にぶら下がっておどける。両肩を揺らしながらのユーモラスな内また歩行で、広い運動場を駆け回る。「表情が全然違うなぁ」。イメージがひっくり返った。

1972年の日中国交正常化を祝い、「親善大使」として日本で初めて上野動物園にやって来たのは、カンカンとランラン。当時、日本にパンダ旋風を巻き起こした。

その姿を見て以来の熱烈なファンで、インターネットを通じて「パンダ研究会」を発足させた東京都の古川貴俊さんも、現地のパンダを見て印象が180度変わった1人だ。

「どちらかというと、かわいいマスコットのようなイメージだったけれど、これこそがパンダの本当の魅力なのだと思い直しました」

センターの担当者に案内され、奥乃さんたちは早速、神戸にやってくるパンダ２頭に会った。胸が高鳴る。

「君たちが神戸パンダか」

雄の錦竹（チンズー・3歳）は２人のそんな気持ちもどこ吹く風で、手足を前に投げ出した独特のパンダ座りでムシャムシャとササに夢中になっている。雌の爽爽（スウァンスウァン・4歳）は、気配を察したのか飼育舎の陰に隠れてしまった。

食いしん坊と恥ずかしがりやのペアのようだ。 (2000/05/04)

飼育研修
フンと向き合い手引き作成

王子動物園パンダプロジェクトのメンバー２人が「中国保護パンダ研究センター」に研修に来て２日目の朝。早速、神戸にやってくる雄のチンズーと雌のスウァンスウァンの飼育を担当することになった。

午前８時半、飼育舎の清掃。獣医の奥乃さんと飼育担当の兼光秀泰さんが大きな竹ぼうきを持って中に入ると、紡錘形で薄緑色のフンがいくつも転がっていた。分解すると、ほとんどがササの繊維。

においは悪くない。中国でパンダのフンは香料の一種「麝香（じゃこう）」にも例えられるが、「それほどではなかったな」と兼光さん。

神戸ではこれを採集し、体調の変化やササの消化具合を調べる。大事な研究材料の一つだ。

フンの量はすごい。1日平均3、4キロ。多い時は10キロ近く。食肉目なので本来は肉食だが、進化の過程で草食になった。それで、あの大きな体を維持するには大食いが必要なのだ。

「起きている間はひたすら食べている感

じ」と奥乃さん。王子動物園では、毎日計40キロの新鮮なササを用意する予定という。

なぜササが主食なのか。

本当のところはよく分かっていないが、生存競争を避け、外敵のいない中国の山奥で特異な進化をしたからとされる。実際、食物の確保は楽になったが、竹の不足がそのまま種の存続を危うくしてしまった。

"指"が六つあるのもパンダならでは。六指突起と呼ばれ、こぶが発達したようなもの。この指のおかげで人間のように上手にササをちぎり、口に運ぶことができる。

フンの話に戻る。パンダには「粘液便」という独特の排せつ物がある。「トロンとした固まり。まるで焼きプリンのようだった」と奥乃さん。

胃や腸の粘膜がはがれ落ちる一種の新陳代謝で、不定期に排出される。肉食の消化器官でササを食べるかららしい。その時のパンダは、腹痛に苦しむ子どものようだ。

そして、これも重要な研究材料だ。「なぜ、

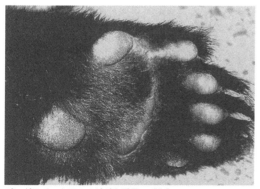

パンダの手。左下のこぶが6番目の"指"

竹だけで生きていけるのか。そのなぞに迫る手がかりになる」と奥乃さんは話す。

2人は2週間、チンズーとスゥァンスゥァンを世話した。

その間のスケジュール。

午前8時半から午後5時半まで、4回のエサやりと清掃。その間のわずかな暇を見つけて、中国の担当者に質問をぶつける。「どんな竹を好むのか」「トウモロコシ団子の作り方は」「発情期の兆候はどんなふうか」……。

必死でメモを取り、深夜までかかって清書した。そのリポートは、神戸で初の飼育・繁殖研究に役立つ貴重な手引きになるだろう。

2頭は2人の苦労も知らず、マイペースだ。チンズーは相変わらずの大食漢。鼻の頭や口の周りが少し汚れているのは荒っぽい食べ方のせいらしい。スゥァンスゥァンは物静か。ほかのパンダよりもすこし短い足でよちよちと歩く。

奥乃さんの評。「性格は正反対だけど、相性は良さそうやな」　　　　　　（2000/05/05）

恋の季節
神戸生まれの2世を期待

春はパンダの恋の季節。研修2日目、「中国保護パンダ研究センター」で、王子動物園パンダプロジェクトのメンバー2人は奇妙な鳴き声を聞いた。

７歳の雄と８歳の雌が「ワン、ワン、ワン」と鳴く。まるで犬のようだ。続いて、「クーン、クーン」と切なげに。次第に「メェー」や「ヒィィー」に変わっていく。

　恋の雄たけびだ。

　パンダは単独行動が基本なため、臥龍でも１頭ずつに分けて飼育している。恋仲の２頭を隔てるのは１枚のフェンスだけ。これを挟んで、お互いの思いが募っていく。

　食欲が極端に減る。運動場を走り回り、水浴びで体を冷やす。しっぽを上げて誘う。後ずさりして近づく。そんな行為を繰り返す。

　「そろそろ一緒にしてやってもいいんじゃないか」と、奥乃さんはハラハラしているが、「まだだ」と、中国の担当者。

　パンダの生殖可能期間は極端に短い。１年間に２〜５日。１日だけのケースも。雌が受精可能なのは排卵してから６時間ともいわれる。

　だから、ほとんど一発勝負。タイミングを計るには綿密な調査が必要だ。尿中のホルモンと行動調査から、発情のピークを特定する。

　６日目。ついにフェンスが外された。しばらくもつれあった後、ドッキング。雌の後ろに乗った雄が小刻みに体を震わし「メェェェェー」。世界でも珍しいパンダの自然交配だ。

　高まりから解放されたように、２頭が離れる。「９分か…」。息をのんで見つめてい

交尾する臥龍のパンダ。うまく受精すれば秋にも赤ちゃんが誕生する

た奥乃さんはやっと肩の力を抜いた。野生動物の場合、外敵からの攻撃に備えて交尾は一瞬で終わることが多いから、異例の長さだ。

　「臥龍にいる雄の８〜９割は自然交配の能力がないんですよ」と中国の担当者。理由はよく分かっていないが、相性が合わなかったり、雄の性器は人間の親指ほどの大きさしかなく、求愛はしてもきちんとドッキングできないケースもあるそうだ。このペアにも念のため人工授精を施した。

　パンダは"寝坊助"でもある。

　東京の上野動物園では、飼育係が起こしても「もうちょっと寝たい」といわんばかりに、５分や10分は寝ぼけ眼のままだという。この無防備さは、外敵のいない自然環境で人知れず生きてきたからだろうか。

　野生のパンダは現在、約千頭いるといわれている。分布地域は、中国の四川省から甘粛省にかけての1500〜4000メートルの高山地帯だけ。

　だが、開発や主食の竹が環境の変化で大

量に枯死するなどで、パンダの権威でもあるアメリカの動物学者ジョージ・B・シャラー氏の調査では年間5.7％ずつ減っている。

神戸での日中共同飼育・繁殖研究も、2世の誕生を最大の目標にしている。

「まず、自然繁殖を目指し、それがだめなら人工授精。神戸生まれのパンダをぜひ誕生させたい」。王子動物園園長の大久保建雄さんはいう。　　　　　　（2000/05/07）

希少動物
珍しさゆえ乱獲が激化

「パンダ研究会」代表の編集者、古川貴俊さん＝東京都＝には悲しい思い出がある。1995年の阪神・淡路大震災。芦屋市の自宅は半壊し、引っ込み思案の長男といつも一緒に遊んでくれた幼稚園の親友が亡くなった。

パンダの縫いぐるみはがれきとともに運ばれた。「もう一度、パンダと遊びたい」というわが子の願いをかなえたい。デパート

遊具に乗ってリラックスする臥龍のパンダ。パンダには、人を引きつける不思議な魅力がある

やおもちゃ屋を探し回ったが、ない。

避難先からインターネットで呼びかけた。反響は大きかった。縫いぐるみだけでなく、いろんなパンダグッズの情報が集まった。

もともと、カンカンとランランが東京の上野動物園に来て以来のファン。「パンダを見ていると、そんなにくよくよするなよと言われているような気がして…」

震災時の交流がきっかけとなり、1997年、研究会を結成した。インターネットで情報を交換し、パンダについての勉強会を重ねている。

本当の狙いは「パンダを通じて、心の扉を開くこと」。現在、会員は全国に700人いる。神戸の仲間も急増しているという。

パンダには不思議な魅力がある。

たれ目のような目の回りの黒毛、緩慢な動作、縫いぐるみのような白と黒のコントラスト。そして、手足を前に投げ出した独特のスタイル。

その魅力をデフォルメして大ヒットしたのが「たれぱんだ」だ。

引力に逆らわず、いつもだらっとたれている。キャラクター商品は1000種類を超え、絵本は50万部売れた。中高生だけでなく、中年男性のファンも多い。

「何があってものほほんとしているような安心感。いろんなことに疲れ切っている現代人が求めた癒しのキャラクターなのでは」

と古川さんは分析する。

そんなパンダも悲しい歴史を背負っている。珍しさやかわいさゆえに。

中国では7世紀ごろから記録に残っているが、ほかの希少動物のように民話に登場することもなく、注目された形跡はない。

脚光を浴びるのは130年前。フランス人宣教師、アルマン・ダビッドが白と黒の不思議な毛皮を見つけ、世界に発表してからだ。

四川省の竹林にアメリカやヨーロッパのハンターが殺到。毛皮を高値で売ろうと、乱獲が激化した。1980年代、157頭分のはく製と毛皮が取引された、との報告もある。

危機感をもった中国政府は刑法を改正した。四川省綿陽市の中級人民法院は89年、毛皮を取引した農民2人に死刑判決を下している。今、野生のパンダは約1000頭。「生殖能力が弱く、絶滅するのは運命」とする中国人学者もいる。

王子動物園パンダプロジェクトの飼育担当、兼光さんが中国保護パンダ研究センターに研修に来た初日。最初に案内された飼育舎で、赤ちゃんパンダ7頭が足にまとわりついた。三頭身で、ころころと地面を転がる。

「よう、ここまで生き残ってくれたなぁ。ほんまにありがとう」

兼光さんは心の中でつぶやいた。

（2000/05/09）

種の保存
強い中国のバックアップ

1998年7月、中国・北京の人民大会堂。神戸市の笹山市長は、中国共産党ナンバー4、政治協商会議主席の李瑞環さんに語りかけた。

「ぜひ、神戸にパンダを貸してほしい。震災で傷ついた子どもたちに夢を与えたいんです」

李さんは、神戸市が友好提携している天津市の元市長。笹山市長が助役時代からの友人だ。

「積極的に努力しましょう」。李さんは即答した。

「慎重な党幹部がこんなに踏み込んだ発言をするのは珍しい」。中国共産党の側近も驚くほどの“電撃的”な会見だったが、当初、中国の野生動物保護協会の感触は厳しかった。

「パンダの飼育は世界中の動物園の夢なんですよ」と、王子動物園の飼育係長、安田伸二さん。今でも各国から引く手あまただ。

1980年代、世界各地のイベント会場でパンダのレンタルがはやった。「客寄せパンダ」という言葉が生まれた。だが、短期間のレンタルでは「種の保存」に悪影響がある。今では繁殖研究を目的にしたもの以外、貸し出しは原則的に禁止されている。

「でも、神戸にパンダが来るのは自然な流れでもあるんです」と園長の大久保さん。

神戸は中国の港町・天津市と27年間（2000年現在）も交流を続けている。81年、

博覧会「ポートピア '81」にパンダをレンタルし、人気を集めた。

王子動物園と天津動物園の動物交流も盛んだ。これまでにキリン、ヤマネコ、コウノトリなど 40 種約 120 匹が交換されている。

その目玉となったのがパンダと並ぶ希少種のサル「キンシコウ」。孫悟空のモデルともいわれる。王子動物園は世界ではじめて中国外での繁殖に成功した。3 匹の赤ちゃんが生まれ、2 匹が中国に里帰りした。1 匹は中国で名前を公募し、「曄曄（イェイイェイ）」と命名した。日中の懸け橋、との意味だ。

キンシコウの世話をしていた安田さんは当時を振り返る。

「首につかまったり、足にからみついたり離れようとしなかった。別れるのはつらかったなあ。でも、約束通り希少種の繁殖に成功しましたよ、と誇らしい気持ちだった」

大成功となったキンシコウの共同飼育・繁殖研究（10 年間）は残すところ 2 年。「次

神戸にやってくるスウァンスウァン。優しそうな目は何を見ているのだろう

はパンダ」は、自然な成り行きというわけだ。

受け入れ態勢も万全だ。

まず、主食となるササの確保。「ポートピア '81」の時は、神戸市北区淡河町の竹林から調達した。

しかし、今回は 1 日 40 キロ、10 年間で 146 トンが必要となる。同園「パンダプロジェクト」のメンバーは何度も淡河町に足を運んで吟味し、農薬を散布しておらず、排ガスの汚染も少ない約 1000 平方メートルを確保した。

地元灘区の自治会や商店街は「パンダ委員会」を結成。JR 灘駅から園までの道を「パンダストリート」と名づけたり、パンダ音頭を作るなど、歓迎ムードを盛り上げる。灘区まちづくり推進課の山口良一さんは「来園の本当の狙いは種の保存。パンダのいるまちを、環境問題の発信地にしたいんです」と期待する。

同園はチンズーとスウァンスウァンの「日本名」を募っている。

すでに 300 通を超える応募がある。神戸にちなんで「神神（シンシン）」や「港港（コウコウ）」が多いそうだ。公開前に正式に決定する。中国側の輸出手続きで 4 月下旬の予定だった来園が少し遅れているが、「6 月中の公開は実現したい」と同園。

いよいよパンダがやってくる。

（2000/05/11）

2章　コウコウ タンタン神戸的日常

6434人が亡くなった阪神・淡路大震災から6年目の夏。
待ちに待ったパンダが神戸にやって来た。
被災地に最大で4万8300戸あった仮設住宅の入居者が
やっとゼロになり、政府の復興対策本部が解散した年だ。
ふるさとの中国・四川省を出発したタンタンとコウコウが
飛行機とトラックを乗り継ぎ、3200キロ、4泊5日の長旅で
神戸に到着したのは2000年7月16日午後8時。
中国側の輸出手続きの遅れで予定より2カ月遅れた分、
歓迎ムードが日増しに高まり、
夜にもかかわらず約200人の市民が出迎えた。
2頭の暮らしぶりを隈なく伝えようと、
連載「コウコウ タンタン神戸的日常」が始まった。

慎重派と楽天家

中国からコウコウ（雄、3歳）とタンタン（雌、4歳）が王子動物園にやってきて1週間。「パンダ館」の暮らしにも少しずつ慣れてきたようだ。

初めは心配だった。野生動物は鼻が利く。人のにおいがついた部屋は嫌がるだろうと、飼育員が1週間前から部屋にササを敷きつめた。

ほのかな香りが周囲に広がった。

でも、タンタンはうわさ通りの慎重派。16日夜に到着し、輸送用のおりから移そうとしたが、しり込みした。10分間ほどうろうろ。やっと新居に移ってくれた。

対照的だったのがコウコウ。すぐに部屋に移ってくれた。食いしん坊とあって、むしゃむしゃとササを食べはじめた。担当者も一安心。

今、コウコウは1日15キロ、タンタンは7キロを食べている。夏の雌は食欲が落ち、この差は心配ないという。21日現在、コウコウ97.5キロ。タンタン82.5キロ。タンタンは来神から4キロ減ったが、「1日に数キロ変わるのは予想の範囲内」と、中国から来た担当者。飼育員との長いつき合いはこれからだ。 　　　　　（2000/07/23）

愛きょうのあるコウコウ。食べるササの量は日増しに増えている

2つの名前

日本名と中国名

いま、パンダの飼育担当者に困った問題が起きている。

「おーい、コウコウ」「タンタンおいで」と呼びかけても、振り向いてくれないのだ。

「神戸市民に親しまれる名前を付けて」との中国側の好意で、王子動物園は2頭の愛称を一般公募した。全国から約4600件が寄せられ、震災復興や21世紀のスタートへの願いを込めて「興興」「旦旦」が選ばれた。

でも、2頭にはもともとの名前がある。雄は「錦竹（チンズー）」、雌は「爽爽（スゥァンスゥァン）」だ。

3カ月間の予定で同園に派遣されている中国のスタッフがこの名で呼ぶと、振り返ったり、肩を揺らして近づいてくる。でも、「コウコウ」「タンタン」にはまるで無反応。どこ吹く風だ。

「仕方ないけれど、少し寂しいですね」と同園。二つの名前を呼んで混乱させることを避け、中国のスタッフが滞在している間は旧名で統一することにした。

とはいえ、せっかくの愛称。「コウコウ」「タンタン」でデビューする一般公開も迫っている。「いずれ、覚えてくれたらいいです」と園長の大久保建雄さん。

名実ともに"神戸パンダ"になる日を気長に待つ構えだ。　　　　（2000/07/25）

内覧式

タンタン走る

7月26日はコウコウとタンタンにとって、王子動物園に来てから初めての公開となる内覧式。招待された震災遺児たちと一緒に、記者も待ちに待った初対面を果たした。

正面から屋内運動場に入るとすぐ、ガラス越しにタンタンが見えた。おしりを左右に振って、短い後ろ足を交互に動かして前進する姿は、人間の赤ちゃんのハイハイに似ている。「わあ、やっぱりかわいいな」。これが第一印象。

コウコウは予想以上のやんちゃ者だった。

パンダスタイルでササを食べ、余裕の表情のコウコウ

体重計に置いたニンジンに誘われ、上に乗ったかと思えば（98.5キロ。毎日増え続けている）、木の台の上にあおむけになり、新鮮なササをムシャムシャ。すっかり平らげると見学者に近づき、手足を投げ出して座る独特の「パンダスタイル」で愛きょうを振りまいた。

自然、50人の報道陣は“絵になる”コウコウに集中したが、動じる気配はない。

一方、タンタンはかなり繊細だ。落ち着かず動き回っていたが、公開から10分後、狭い室内を突然走りだした。パンダが走るのは本当に珍しい。

これには飼育担当者も驚いた。顔色を変えて、飼育舎に駆け込んだ。

「あんな姿を見るのは初めて。中国でのんびり暮らしてきたから、ストレスは相当あるのだろう」。しばらくして落ち着きを取り戻したが、「きょうは2日後の公開の予行演習。人なれするために頑張って」と心配顔だった。

一般公開は28日。この日の様子も参考に、公開の方法や時間などを検討する。

（2000/07/27）

ストレス

外気に触れ一服

一般公開から2日。コウコウとタンタンを一目見ようと、計1万3700人が訪れた。2頭の疲れもピークに達している。

いま、2頭にとって最大の“敵”は二つ。銃のようにも見える報道陣の望遠レンズと、入園者のカメラのフラッシュだ。

「平気そうにみえて、相当ストレスを感じているはず」と飼育担当者。

飼育繁殖研究を担っている同園にとって、パンダにストレスを与える公開は「可能な限り控えたい」のが本音だ。しかし、パンダを通じ、野生動物保護の大切さを考えてもらうのも園の役割。

そのはざまで日々悩んでいる。

寝そべりながら好物のササをほおばるコウコウに、「お行儀が悪いね」と子どもたち

暑さ対策は、そんなストレス緩和のポイントのひとつ。

2頭の古里・四川省臥龍の夏の気温は20数度。緯度は九州より南だが、高山地帯のため涼しく、日本の夏にはとても耐えられない。エアコン完備の室内で終日過ごしているが、ずっとクーラーに当たっていれば体調を崩すのは人間も同じ。

そこで朝と夕、屋内運動場の天井にある扉を開け放ち、外気を入れる。こころなしか、ほっとしているように見える。

山々に囲まれた古里の保護センターで、のびのびと育ってきた2頭。時間に管理された暮らしは、やはり息苦しいだろう。

「近いうちに、外で遊ばせてやりたい」と園長の大久保さん。ただし、開園前の早朝だけ。一般客が屋外運動場のタイヤで遊んだり木に登ったりする姿を見られるのは、初秋までお預けになりそうだ。

（2000/07/30）

サ サ 団 子

好みの味を探せ

来園から15日目。タンタンがようやく、飼育担当者の手作りのササ団子を食べてくれた。

「やっと、気に入ってくれたか」。飼育係長の安田伸二さんは胸をなで下ろした。

2頭は当初、ササ団子には見向きもしなかった。

材料は、竹とコメ、大豆、トウモロコシの粉。それにビタミンE、砂糖、塩、カルシウムを少々。大きさはソフトボール大。中国での研修で分量を学び、中国の味を正確に再現した「自信作」のはずだった。

「こらアカン。あせらんとゆっくりやろう」。中国人スタッフは「おいしいササが十分にあるからですよ」と慰めてくれた。というのも、中国では竹林の伐採などでササが不足しており、神戸の半分ほどしか与え

ササ団子に慣れるのも早かったコウコウ。毎日、4、5個を食べるようになった

られなかったからだ。

しかし、ササだけではデンプンなどのカロリーが不十分。さらに、病気になったとき、薬を混ぜて一緒に食べてもらうために、ササ団子は不可欠だ。

好奇心おう盛なコウコウは４日目に３つ食べた。

しかしタンタンは、口にしてもすぐに吐き出してしまう。まずは新しい味に慣れてもらおうと、ニンジンの真ん中をくりぬいて、ササ団子を詰めてみた。数日、繰り返した。

これが功を奏したようだ。「同じレシピを見ても、作り手によって味が違うのと同じことです」と安田さん。いずれ、"神戸の味"が忘れられなくなるだろう。　（2000/08/03）

タンタン興奮する

タンタンが走った。のんびり屋のパンダ

ゆっくりと特製のササケーキを食べるタンタン

にはめったに見られない姿。来神から間もない内覧式以来の出来事だ。

「何か気に入らないことでもあったのか」。飼育担当者の表情がこわばったが、中国人スタッフは「大丈夫。喜んでいるんです」と余裕の表情だ。

16日はタンタン５歳の誕生日。午後２時からの誕生会では、神戸市立本多聞小学校の３年生がお祝いのメッセージを寄せ、約200人の入園者が一緒に祝った。

時間になると、主役であることを知っているかのように、室内運動場の真ん中にある木の台に寝転んだタンタン。

飼育員手作りのササケーキは、リンゴで飾られ、ササ団子の上には中国語で誕生日おめでとうを意味する「生日快楽」の言葉がニンジンで。においをかいだり回りをうろうろしながら、ゆっくりと手を伸ばす。ケーキを出すなり頭で押し倒してしまったコウコウとは対照的だ。「さすが、おしとやかなタンタン」と、園長の大久保さん。

"異変"が起きたのは15分後。突然、タンタンが血相を変えて走りだした。でんぐり返しをしたり、プールに飛び込んだり。興奮状態は10分ほど続いた。でも、「よく観察すると、ストレスで爆発した前回とは少し違うよう」と飼育担当者。「喜んでいる」と理解することにした。

いつもはおとなしいタンタンが見せた意外な一面。これも誕生日ゆえのこと？

(2000/09/17)

なぜ　おっとり

来神から2カ月あまり。この間、タンタンが2度、室内運動場を走った。内覧式と誕生日の2回だ。

前項で「走るのはとても珍しい」と紹介したところ、「なぜ？」という質問を多数受

くつろぐタンタン

けた。

答えは簡単。野生のパンダは走る必要がないからだ。

幼獣のころはユキヒョウなどに襲われることもあるようだが、成獣になれば竹林で敵なし。ササを食べる動物は少なく、他の動物との生存競争はない。

イギリス人の動物行動学者でパンダ研究の第一人者R.D.モリスは、ある研究者の話として、こんな報告をしている。

「2頭のパンダを犬に追わせ、高性能の弾丸で威嚇したが、駆け出そうともしなかった。足取りはゆっくりとして、いつも落ち着いていた」

クマと違って疾駆（ギャロップ）はせず、必死で走る様子は見たことがない、という中国人猟師の証言も紹介している。

まるで「逃げる」ということを知らないかのような態度。仮に追われても、堅い竹をかみ砕く強いあごで、敵を返り討ちにする力がある。

だから、あのおっとりした性格になったのか。黒と白の明瞭なコントラストも、自分の存在をあえて誇示し、敵を近づかせないための「警告色」という説が有力だ。

その後、タンタンが走るそぶりはない。クーラーの風が吹き込むお気に入りの場所で、ゴロゴロ過ごしている。

「こんなに無防備でのん気な動物、見たことない」。飼育担当者は、半ばあきれながら見つめている。　　　　　（2000/09/26）

100日目

生態研究も着々

王子動物園にパンダが来園して丸100日。

秋。気温も中国の生息地の夏ほどに下がり、過ごしやすくなった。開園する午前9時から午後3時ごろまで屋外運動場でのんびり過ごしている。

人見知りするタンタンも新天地が気に入ったよう。終日、木の台などに寝転び、来園者の「こっち向いて」の声にもお構いなしだ。

飼育は軌道に乗った。生態研究も徐々に進みつつある。

その一つが粘液便の秘密の解明。

肛門から排出されるが糞ではなく、白濁したゼリー状で、腸の粘膜がはがれ落ちるパンダ独特の生理現象。短いときは数日、長いときで2、3カ月周期に起きる。

来園以来、一度もなかったが、タンタンは8月から9月上旬にかけて数回、コウコウも9月に1回排出した。

長いときには半日近く、背中を丸めてウンウンとうなる。出し終わると、何事もなかったようにケロッとする。

何が原因なのだろう。

ササを食べるだけで巨体を維持するには、腸に秘密があるといわれる。

「ササを高カロリーの成分に変える働きが粘膜にあるのかも。特別な酵素や微生物の存在もありうる」と園長の大久保さん。

「しかし、食欲が減ると、消化時、これらの粘膜が十分に働かない。それで、使わなかった粘膜を排出しているのではないか」と推論する。

だが、獣医の奥乃さんが顕微鏡で観察しても、何も見つからない。

「秘密が解明できたら一大論文がかけるよ」。奥乃さんは笑う。　　　　（2000/10/24）

体重計に乗るタンタン。今夏、食欲が落ちて粘液便を数回した

お見合いは見送り

5月の暖かい日差しを浴びてタンタンがごろ寝をしている。

のんびり屋のいつものスタイル。どこかホッとしたように見えるのは、1カ月を超える激しい片思いを乗り越えたからだ。

4月はパンダの発情期。5歳のタンタンは、狂おしいほどの"恋わずらい"に悩まされた。パートナーのコウコウは、まだ4歳。性成熟を迎えておらず、度重なるアプローチに見向きもしなかったからだ。

3月中旬。タンタンの尿に含まれるホルモン値が上昇し始めた。4月中旬。運動場を落ち着きなく歩き回り、コウコウを誘惑。下旬には火照る体を冷やすため、おしりを

プールに浸す。ピークはゴールデンウイーク中にやってきた。

生殖器が割れたザクロのようにむき出しになり、1日10キロ食べていたササを3キロしか口にしなくなった。

「今だ」。飼育担当者は思った。パンダが交配して、うまく受精できるタイミングは一瞬。いちかばちか。2頭を同じ部屋に入れてみようか。

「でも、コウコウにその気がなくてタンタンを失望させたら、2頭の相性にひびが入るかも…」

焦らずに見守ろう。協議の末、お見合いは見送られた。そんな優しさを知るはずもなく、"熱"の冷めたタンタンはごろ寝を続けている。

(2001/05/15)

タンタンお疲れ気味

2度目の夏がやってきた。コウコウとタンタンが神戸にやってきて丸1年。

とにかく暑い。外で遊ぶのが大好きなコウコウは、クーラーの効いた部屋で少し退屈そうだ。

飼育・繁殖研究はどこまで進んだのだろう。

「まだ分からないことばかり。やっと基礎データがそろい始めたところ」と、飼育担当の兼光さん。

飼育ノートを見せてもらった。1日に食べたササの量と種類、ふんの量と状態、動いている時間と寝ている時間の比較、行動場所、マーキング、鳴き声の違い……。

「記録することが多すぎて、データのパソコン入力が追い付かない」と苦笑い。「でも、2頭の生態のリズムはつかめてきました」

例えば。

2000年は来神早々、タンタンの食欲が極端に落ちた。通常の半分もササを食べない。「日本の環境に慣れないの？」と心配したが、今年も同じ症状が出た。

「擬似妊娠のようなんです。性成熟したメスは、妊娠しなくてもこの時期は体に変調が起こるみたい」。慌てずに対処できるのだ。

だからタンタンは最近、疲れ気味。サービス精神おう盛なコウコウを見た子どもたちが「おーいタンタン」と呼びかけても、寝室に引きこもったままだ。

19日はパンダ館の前で一周年の記念式典が開かれる。くす玉を割り、近くの幼稚園児が「パンダの歌」を歌う。

せめてそのときだけでも、タンタンの体

愛きょうを振りまくコウコウ

調が良くなればいいのだけれど。

(2001/07/17)

うんち

健康のバロメーター

並べてみると、なかなか壮観だ。

収穫したばかりのサツマイモのように見えるのは、コウコウが1日に排出したうんちである。計15キロ。タンタンも毎日10キロ近くするから、2頭合わせるとポリバケツ1杯分にもなる。

王子動物園の動物科学資料館で開かれた夏休みの特別企画「食べたらうんち展」は、とても面白かった。

「うんちはただの排せつ物ではない。形やにおいで体調が分かる。健康のバロメーターなんです」と、同館の権藤眞禎さん。

動物たちの消化器の仕組みの図や、実物のうんちが並んだ。録音したインドゾウのおならも。ボタンを押すと、「ボォォー」と

爆風のような音。「わあ、くさー」と子どもたちが逃げ回った。もちろん、においはしないけれど。

パンダのうんちの量が多いのは、主食のササの栄養分が低くたくさん食べるうえ、繊維質で消化が悪いから。

こんなパンダのマメ知識をクイズにしたコンピューターも新設された。

初級編で5問ぜんぶ正解だった神戸市立夢野小5年の垣越千加恵さんは、「夏休みの自由研究に使おうかな」と大喜びだ。

(2001/08/22)

コウコウの1日分のうんち。かすかにササの香りがする

41

驚くべき信頼関係

赤ちゃん誕生！といっても、これは中国の話。

秋はパンダの出産シーズン。コウコウとタンタンの故郷・四川省臥龍のパンダ研究センターでは 2001 年秋、4 頭の赤ちゃんが生まれた。ともに双子だった。

王子動物園にはうらやましい限り。出産の予兆は、母体の変化は、人工保育の方法は？　赤ちゃん誕生に備え、知りたいことは山ほどある。

スタッフが派遣された。獣医の浜夏樹さんと飼育担当の坂本健輔さんの 2 人だ。

飛行機と車を乗り継ぎ丸 2 日。切り立った山々の中腹にあるセンターには、50 頭ものパンダが暮らしていた。「さすが本場」。まずはその多さに驚いた。

今回、出産した雌を担当していたのは、昨年、アドバイザーとして王子動物園に来ていた許尓興さんだった。「お久しぶり」。

懐かしい笑顔が迎えてくれた。

野生のパンダは通常、赤ちゃんは 1 頭しか生まず、双子になっても強い方しか育てない。だが人工授精をすると双子になることが多く、「世界的に貴重なパンダを増やすために、いかに 2 頭を育てるか」が研修のポイントの一つだ。

そこで飼育担当者を悩ませるのが「赤ちゃん交換」。人工保育だけでは母乳が飲めず、病気に弱くなる。このため定期的に赤ちゃんを入れ替え、2 頭に授乳させながら 1 頭しか育てていないと母親に錯覚させる必要があるのだ。

パンダだって野生動物。特に出産後は気が荒く、近づくのすら危険なはずだった。ところが……。

許さんはこともなげに親子の間に入って赤ちゃんを交換。しかも、膨らんだ雌の乳から母乳までしぼってみせた。「すごい信頼関係だなあ」。人慣れした雌だったとはいえ、2 人はあらためて飼育の難しさを実感した。

(2001/11/27)

百聞は一見にしかず

「パンダは生まれたときから白黒なの？」。小学生からこんな質問を受けたことがある。

初めは全身肌色。だが生後数日で産毛がはえ、おなじみのパンダカラーになる。

子育て研修のため、王子動物園のスタッフ 2 人が四川省のパンダ研究センターに来たとき、すでに 1 組の双子が生まれていた。

母親の名前は「二十番」。研究用なので味気ない。1 日中、おなかの上に赤ちゃんを乗せ、抱っこしたり、全身をなめたり。

3 週間目。今度は「二十一番」が双子

を生んだ。別館のモニターから観察し、今後の研究に生かそうと、尿や水を飲む回数、行動パターンなど20項目をチェックしていた飼育担当の坂本さんは慌てて飛び出した。

竹林に住むパンダは木のほこらなど暗いところで出産する。このため、未来の赤ちゃんに備えて王子動物園が用意している「産室」も、外光を完全に遮断している。最も気を使う瞬間だ。

だが二十一番は、ドキュメンタリー番組を制作中の中国人がこうこうとライトを照らす中、堂々と出産してみせた。不思議な光景だった。「この雌も人なれしてますから」

と現地スタッフ。

真っ赤な赤ちゃんが、ポトンと出てきた。体長20センチ、体重175グラム。大きなネズミぐらい。「あんまりかわいくないな」というのが坂本さんの第一印象。だが、出産に立ち会った日本人は数えるほど。責任の重さを痛感していた。もちろん、成長するほど愛くるしいパンダになっていく。

研修期間は約50日。80分テープ6本のビデオを撮り、帰国した。

「百聞は一見にしかず。すべてが驚きでした」。2人の研修は来年にも生かされるのだろうか。　　　　　　　　　　　　　（2001/11/28）

中国子育て研修 3

見極め難しい「妊娠」

性成熟した雌パンダは不思議な行動をとることがある。「擬妊娠」や「擬出産」だ。6歳になったタンタンも例外ではなかった。

パンダは春に交尾をし、90〜120日の妊娠期間をへて秋に出産する。タンタンは自然交配も人工授精もしておらず、子どもができるはずがない。

だが、7月上旬から1カ月間、食欲が半減。8月中旬から2週間はいつもの10分の1しかササを食べなくなった。

そしておかしな行動が始まった。

遊具用に置いていた50センチ四方の布切れをおなかに乗せ、大事そうに抱き始め

たのだ。飼育担当者にはまだ「これは擬妊娠」との確証はない。体調を崩したのかも、と心配になった。

食欲を取り戻してもらおうと、通常は与えないバナナやスイカを置いてみたが、見向きもしない。布きれを取り上げると、今度はボールを抱っこ。これも取り上げると、ついにはニンジンやビスケットまでいとおしそうに抱きしめ、ペロペロとなめ出す始末。

どうやら赤ちゃんだと思い込んでいるらしい。

中国での研修では、擬妊娠の見分け方もテーマの一つだった。本当の妊娠かどうかを早く見極めることで、適切な準備ができるからだ。しかし、判断は本当に難しい。

乳頭が大きくなったり、陰部がはれ上がっ

たりする兆候はある。だが、今回、出産した雌ですら「本当に産むかどうかは、10日ほど前にならないと分からなかった」と中国人スタッフ。

「要は、準備を怠るなということ」。園長の大久保さんは気を引き締める。(2001/11/29)

日本初　自然交配に期待

風がやむと、太陽の光がじわりと大地を温める。もうすぐ春。コウコウとタンタンにとって、神戸では2度目の発情期が巡ってきた。

ここ数日、タンタンの食欲が極端に落ちている。1日10キロ近く食べていたササにほとんど手をつけなくなった。赤ちゃんが産めるように、体の準備を整えているのだ。

一方、コウコウ。昨年は発情しているタンタンを横目に、つれない態度に終始した。人間に例えると、今年は中学生の高学年ぐらいになる。

「そろそろ男気をみせてみろ」と言いたくもなる。だが「うーん。まだ無理かもなぁ」と飼育担当者。毎日のように尿検査をしているが、精子が含まれていないのだ。コウコウは早熟タイプではないらしい。

昨年暮れ、王子動物園のスタッフを驚かすニュースが飛び込んできた。和歌山の白浜アドベンチャーワールドで、また赤ちゃんパンダが誕生したというのだ。

パンダの繁殖はとても難しい。なかでも交尾で赤ちゃんができる「自然交配」は、パンダ飼育の経験が長い東京の上野動物園でも実現しておらず、日本ではまだ例がなかった。

「先を越された」。園長の大久保さんは少しドキリとした。

だが、交尾の後に念のため人工授精をしていたことが分かり、自然交配で生まれた赤ちゃんかどうか分からなくなった。

「日本初」の記録づくりの可能性は残された。

同園は「もし今春、2頭が交尾をしても人工授精はしないつもりです」。

(2002/03/12)

もともと低い繁殖能力

本当だろうか。耳を疑った。食いしん坊でのんびり屋のコウコウが「雌かもしれない」というのだ。

"疑惑"が持ち上がったのは、4月の身体検査。全身麻酔をかけてコウコウの生殖器を詳しく調べた。だが、男性のシンボルである「睾丸」と「おちんちん」が見当たらない。

実は、昨春の検査でも見つからなかった。クマのような大型ほ乳類の幼獣の場合、肉や毛の中に埋まって外から確認できないことはよくある。

中国の飼育スタッフに相談すると、「そのうち出てくるだろう」との返事。

しかし、不安にさせる要素も重なっていた。

通常、パンダの雄が大人になるのは7〜8歳。だが、動物園で飼育されているパンダは発育がよく、少し早く成熟することが多い。

なのに今春の発情期、タンタンが何度もプロポーズの素振りを見せるのに知らん顔。尿中に含まれるはずの精子も、まだ見つかっていない。

不安になった王子動物園は、科学的に判断しようと染色体検査に踏み切った。雌雄の判断は中国側に委ねるという。

だが、今のところは「繁殖能力の低い雄の可能性が高い」と同園。

もともと、パンダの繁殖能力は低い。交尾ができるのは1割ほどで、中国でも人工授精に頼っているのが現状だ。生まれた直後なら肛門と生殖器の距離で雌雄の区別は比較的容易。中国は、生後すぐの判定でコウコウを「雄」として血統登録している。

今後のポイントは、睾丸の成長具合になるだろう。精子が育てば、中国との共同繁殖研究は続けられる。

結果が出るまで不安定な状態が続くが、コウコウにはこれまで通りマイペースで暮らしてほしい。「繁殖」が目的なのは、パンダを絶滅の危機に追いやった人間の責任なのだから。　　　　　　　　　（2002/05/15）

すっかり神戸の生活になじんだコウコウ。"疑惑"は晴れるか

発育不全で帰国

いよいよコウコウとのお別れの日が近づいてきた。

12月5日早朝、王子動物園をたち、丸1日かけて故郷の中国・四川省臥龍にあるパンダ保護研究センターに帰る。

飼育担当として2年4カ月間、体当たりで付き合ってきた吉竹渡さんと兼光さん、坂本さんの心は複雑だ。

「あとは万全の体調で帰してあげるだけ。最近、食欲がないのが心配だが…」

思い出は尽きない。来神から2カ月目。苦しみもだえて七転八倒したため、慌てて駆けつけると、白いフンを出してケロッと回復。ササを主食にするパンダ独特の習性がそうさせた。

もうひとつは、運動場と屋内施設をつなぐ扉を閉めようとすると、間にそっと前足を挟んで邪魔をしたこと。油断すれば、猛然と体当たりしてきたこともあった。

「毎朝、元気な顔をみてほっとした。とにかくかわいいやつだった」と吉竹さん。体重は当初より20キロ増え、体格は立派になった。だが、生殖能力は「発育不全」と診断された。

今、コウコウが特訓していることがある。輸送用のおりに入る訓練と、早起きだ。「早朝の出発なのに、いつものように寝坊したら大変なことになる」。3人は大まじめで心配している。

11月30日はお別れ会。午前11時からセレモニーがあり、地元の保育園児がリンゴをプレゼントする。コウコウへのメッセージボードも設ける。「白い紙を贈る言葉でいっぱいにしたい」と同園は話している。

(2002/11/30)

パンダ館の前に設けられたメッセージボードと吉竹さん（左）と兼光さん

3章　タンタン試練の日々

タンタンを「悲劇のお嬢さま」と呼ぶ人もいる。

一緒に神戸に来た「初代コウコウ」は

発育不全と診断されて帰国した。

代わりにやってきた「2代目コウコウ」との間に

待望の赤ちゃんが生まれたが4日目に衰弱死してしまう。

さらに人工授精中の麻酔で2代目コウコウは突然死……。

がんばれ、タンタン。

心を寄せる人は増えていった。

初の妊娠も胎児は死ぬ

神戸市立王子動物園は2007年8月13日、3月に人工授精したジャイアントパンダのタンタン（雌、11歳）の死産を確認した、と発表した。これまでに毎年行ってきた計5回の人工授精で、妊娠が確認されたのは今回が初めて。同園の担当者は「非常に残念だが、妊娠は一歩前進。次に期待したい」と話している。

タンタンは中国生まれで、2000年7月に来神。ペアのコウコウ（雄、11歳）との自然交配を進めてきたが成功せず、03年からは毎年、人工授精を試みている。

前年までは、偽妊娠（想像妊娠）に終わっていたが、今年は食事量が減ったり、頻繁に横になったりしたほか、体にも妊娠の兆候が表れた。そのため、7月31日からは、同園の飼育員と中国から招いた技術者の計4人が、24時間態勢で見守り続けてきた。しかし、8月3日にタンタンの破水を確認。12日に出産したが、胎児はすでに死亡していた。胎児は雄で体長21センチ、体重85グラムだった。通常、胎児の体重は100〜140グラムという。

担当者は「妊娠期間が長く、疲労も大きいはず。まずはたくさん食べて元気になってほしい」と話している。　　（2007/08/14）

出産期を前に体調などのチェックを受けるタンタン（2007年7月4日）

人工授精で出産
国内では20年ぶり

タンタン（雌・12歳）が2008年8月26日、1頭を出産した。2003年から取り組んだ6回目の人工授精で、同園では初めて無事に生まれた。

国内で人工授精の出産は1988年の上野動物園以来、20年ぶり4例目。出産は上野動物園とアドベンチャーワールドに次ぐ9例目。

赤ちゃんは体長約23センチ、体重は120グラム前後。性別は不明。タンタンが赤ちゃんを手で胸に抱き寄せ、授乳する仕草が観察カメラの映像で確認されている。今後、授乳しているかどうかなど24時間態勢で監視し、順調にいけば3カ月ほどで一般公開されるという。名前は公募で決める。

この年は4月末から5月上旬にかけて

3度、人工授精を実施。7月下旬ごろから食事量や運動量が減り始め、8月25日午後に破水を確認した。直後から陰部がふくらむなど出産の兆候が見られたため備えていたところ、26日午後3時46分に出産した。

(2008/08/27)

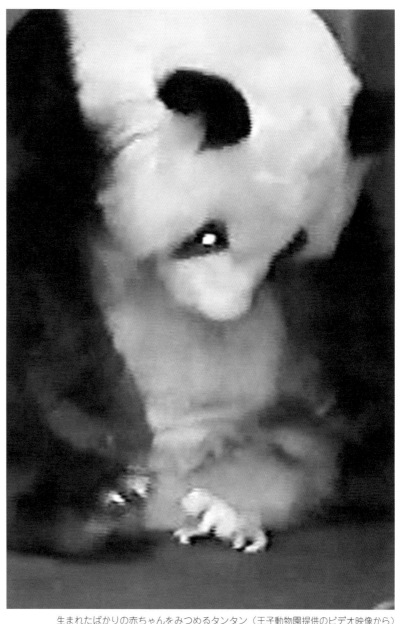

生まれたばかりの赤ちゃんをみつめるタンタン（王子動物園提供のビデオ映像から）

繁殖技術向上重ね

待ちに待ったパンダの赤ちゃんが王子動物園に誕生した。人工授精によるパンダの出産は、国内では上野動物園に次いで20年ぶりという快挙。だが、その道のりは平たんではなかった。パンダ誘致に奔走し、繁殖技術向上への努力を積み重ねた関係者は「無事に生まれてほっと胸をなで下ろしている」と思いを語った。

王子動物園飼育展示係主査の獣医師、浜夏樹さんらは当初、自然交配を試みたが、コウコウ（2代目）とタンタンとの相性が悪く、2003年から人工授精を取り入れた。排卵日に合わせ精子を体内に入れるが、ジャイアントパンダの雌の排卵日は年1回（2～6月）で、正確に分からなかった。

同動物園は05年、岡山大学の奥田潔教授らと共同で、発情ホルモンを尿で測定する方法を完成。発情ホルモンが最高値に達した翌日、排卵が起きているとみられることも分かり、一気に妊娠率が高まった。

雄から効率的に精子を採取するための器具も、コウコウの体に合わせて改良を重ねた。排卵日直前に採取した精子を雌の体内に入れられるようになり、受精率が高まった。

それでも、妊娠の日は遠かった。人工授精をサポートしてきた神戸大農学部の楠比呂志准教授は「一昨年まで妊娠する能力に疑問も感じていた」と明かす。

絶妙のタイミングで授精できた昨年、「これで妊娠しなかったら中国に返そう」と話していたが、見事に妊娠。死産だったが希望をつないだ。浜さんは「死産には落ち込んだが、自分たちの人工授精がうまくいったことが分かった」と話す。

予定日を8月21日ごろと予想していた浜さん。「予定日を過ぎてからは、昨年同様死産かもしれないと不安になったが、破水して生まれると思った」と振り返る。

折衝のため日中を行き来した元園長の権藤眞禎さんは、パンダ誕生の報に「跳び上がるほどうれしい」と喜びを表した。

園長ら会見「今からスタート」

人工授精を始めて6年目。赤ちゃんパンダの誕生で記者会見した石川理園長は「なかなか成功しなかったが、無事に生まれてほっとしている」と顔をほころばせた。

会見には石川園長のほか、矢田立郎市長、飼育担当者らが同席した。

冒頭、赤ちゃんパンダ誕生の瞬間をとらえた映像が公開された。生まれた後、床をはいずり回るわが子の体をなめ、いとおしそうに抱えるタンタン。7月末ごろからえさの量が減り、妊娠の兆候をみせていた。この日は観察カメラで飼育担当者らが出産を見守ったという。

2000年の飼育開始から携わる飼育展示係の兼光秀泰さんは「飼育係にとっては今からがスタート。頑張らないといけない」

と力を込めた。

人工授精により昨年初めて妊娠が確認されたが、死産に。獣医師の浜夏樹さんは「同じ結果だったらどうしようと不安だった。これからも成長を見守っていきたい」と表情を引き締めた。

人工授精による出産を日本で初めて
成功させた上野動物園の話

パンダの繁殖は受精期の見極めやペアリングが難しい。当園で人工交配が成功したのは過去3回だけ。ジャイアントパンダは希少動物なので、技術を確立していくことは喜ばしい。

これまでに8頭が生まれた
アドベンチャーワールドの話

おめでとうございますの一言。昨年は死

パンダの赤ちゃんの大きさを指で表す飼育員の兼光秀泰さん（左）と浜夏樹さん

産だったので、今回はまだかまだかと期待していた。これで、関西全体も盛り上がるのではないか。これまで飼育情報を交換してきたが、今後も交流を深めたい。

(2008/08/27)

赤ちゃん死ぬ

地元住民や入園者ら落胆

神戸市立王子動物園で8月26日、人工授精の結果、誕生したジャイアントパンダの赤ちゃんが29日、死んだ。同園でのパンダ出産は2007年8月に続き2度目。前回は死産だったため、成長が期待されていた。

同園によると、赤ちゃんは29日、パンダ館の産室で、母親のタンタンの腕に抱かれて鳴き声をあげていたが、午後0時50分ごろ、鳴き声が小さくなり、同1時15分ごろには全く聞こえなくなった。このた

タンタンの口元に抱かれ、元気だった赤ちゃん。約2時間20分後、死亡が確認された＝29日午前11時半ごろ（王子動物園提供のビデオ映像から）

め、飼育係員が棒を使って赤ちゃんを産室から引き出し、同1時50分、死亡を確認した。全長19センチ、体重82グラムで性別は不明。

死因は調査中。解剖の結果、骨折や内出血はみられなかったが、胃の中には微量の母乳しか残っていなかった。同園は赤ちゃんが抱かれている間に、体を母親の胸など

に押しつけられて母乳を飲めなくなったか、母体の乳の出が悪くなり衰弱死したのではないか——とみている。圧迫された結果、肺などの機能が落ちた可能性もあるという。

タンタンは死んだ赤ちゃんを取り出すと興奮したため、代わりにニンジンを与えたところ落ち着き、赤ちゃんを抱きかかえるしぐさをみせているという。　（2008/08/30）

吉報一転、沈む関係者
「経験生かし来年こそ」

会見する（右から）石川理園長、奥乃弘一郎副園長、兼光秀泰・飼育展示係総括班長＝29日午後、王子動物園

「本当に残念な結果。昼前までは大きな声で鳴いていたのに…」。王子動物園で記者会見した石川理園長はくちびるをかんだ。

会見では、死亡が確認される直前の親子の様子が動画で公開された。2000年の飼育開始時から携わる飼育展示係の兼光秀泰さんは「残念。だけど、神経質なタンタンが育児をした。よく頑張ったと思う」。獣医師の浜夏樹さんは「脱力感でいっぱいだが、人工授精や出産への自信は高まった。来年こそは中国の技術者の協力を得て成功させたい」と語った。　（2008/08/30）

今度こそ2世パンダへの挑戦
歓喜一転
死の瞬間凍りつく園内

その時、偶然にも、4人の飼育員が一斉にモニターを見た。

8月26日午後3時45分ごろ、市立王子

動物園のパンダ館管理室。館内にある産室の様子を映し続けるカメラがとらえたのは、うなり声を上げるタンタン。「ンー、ンー」。そして、全長約19センチの真っ白な赤ちゃんがポロッと出てきた。

「園長、園長、生まれました」。飼育員の

大山裕二郎は内線電話で連絡した。大山らは握手を交わし、代わる代わる抱き合った。「やったぞ」。普段は冷静な園長の石川理が管理室に駆け込んできた。「大丈夫？　ちゃんと抱いてる？」。顔を紅潮させて飼育員に声を掛けた。

20年ぶりの人工授精によるジャイアントパンダの赤ちゃんが生まれた瞬間だった。

生後3日間は「生存率6、7割」といわれ、緊張を強いられる。飼育員は交代で24時間、モニターを見つめ続けた。

29日朝、出産から飲まず食わずだったタンタンが初めて赤ちゃんを手放し、水を飲んだ。飲み終えると、再びしっかり抱き寄せる。いいお母さんだ。飼育員はうなずいた。

しかし、安心したのもつかの間、その日の午後0時50分ごろ異変が訪れた。「ミャー」と元気に鳴いていたのに、声がか細くなっている。「何か、あったんやろか」

約25分後、鳴き声が止まる。タンタンが起き上がると、赤ちゃんが床にぺたりと落ちた。微動だにしない。飼育員の顔がこわばった。「母子を一度、引き離そう」と決断。大山らがタンタンの気を引いている間に、飼育展示係班長の川上博司が竹の棒で引き寄せた。

ぐったりした体を手のひらに乗せて運びながら、川上はとっさに人差し指を小さな胸にあて心臓マッサージをした。「仮死状態であってほしい」。願いは届かなかった。

解剖のため、動物病院に運ばれた後、飼育員らは異変発生時のモニターをもう一度見た。赤ちゃんが床に落ちたシーン。「第二子が死産で生まれたんや」。大山が呆然とした表情でつぶやいた。

「今思えば、考えられない錯覚だったが…」と大山。三日前に誕生を喜んだばかりの赤ちゃんの無残な姿ではない、と信じたかった。ほかの飼育員も、大山の言葉を正さなかった。

それほどの大きな喪失だった。（文中敬称略）

(2008/09/02)

経験の壁
響いた中国技術者不在

「元気だったのに、急に悪くなるとは考えられない。病理の結果を送ってほしい」

8月29日。中国・四川省臥竜にある「パンダ保護研究センター」の技術者、黄炎は、電話口で驚きを隠さなかった。

神戸市灘区の市立王子動物園は、ジャイアントパンダのタンタンが出産した赤ちゃんの死を中国側にすぐ伝えた。今春の人工受精の時、神戸に来ていた1人が黄だった。

同園は、発情期が訪れる毎年春、中国人技術者を招いてきた。前年8月、死産だった際も見守ってもらった。

しかし、今年に限って事情が違った。5

月の四川大地震。震源に近かった研究センターは壊滅状態となり、派遣を要請しても「10月までは難しい」と断られた。

「出産・保育」は、同園にとって未知の領域。飼育員らは、強力なサポートがないまま、いきなり"本番"に臨まざるを得なかった。

「母親が赤ちゃんを抱く姿勢は横向きがいいか、上向きがいいか」「タンタンは出産後、水を飲まないが大丈夫か」。飼育員は観察カメラの映像を凝視しては、疑問点をひとつひとつ、中国に国際電話で尋ね続けた。

「赤ちゃんの鳴き声は3種類くらいあったが、何を意味するかは分からなかった」と飼育員の大山裕二郎。「経験豊富な中国人なら分かったかもしれないな」

最後の力を振り絞るように鳴いていた赤ちゃん。飼育展示係班長の川上博司は「メッセージを受け止めることができなかった」

と唇をかんだ。

結局、明確な死因は分かっていない。赤ちゃんを解剖した獣医師の浜夏樹は「骨折や内出血はみられず、胃の中には微量の母乳しかなかった」と振り返る。赤ちゃんの体重は82グラム。タンタンのわずか1000分の1だ。母親の胸に体が押しつけられて、母乳を飲めなくなったことも考えられる。

「育児放棄だけでなく、衰弱や圧死のリスクを考えると、次は初めから人工保育にするべきだ」。浜は主張する。中国でも、誕生後すぐに母子を引き離し、保育器で育てるケースは珍しくない。

一方、飼育員は「3日間は母体から初乳を与えるのが基本」と母子のつながりを大事にし、議論は分かれる。重い教訓を受け、来年に向けて模索が始まった。(文中敬称略)

(2008/09/03)

今度こそ2世パンダへの挑戦

迫る期限
苦闘8年、来年正念場

「今年はあまり数値が上がらないな」

4月下旬。神戸市立王子動物園で、獣医師の浜夏樹はデータを見ながら考え込んだ。

春は、ジャイアントパンダの恋の季節。動物園にとっては「勝負の時」だ。1年に1回の排卵日を逃さず、人工授精を成功させなければならない。

排卵日は、タンタンの尿に含まれる「発

情ホルモン」を毎日測定して割り出す。数値がピークに達し、落ち始めた時、排卵が起こるとされる。だが、今年は過去の平均値より低く、ピークの見極めが難しかった。

それでも、浜らは「排卵は5月1日ごろ」と見定め、前後3日間にわたって人工授精を行った。それが、同園初の赤ちゃん誕生に結びついたのだから、どんぴしゃのタイミングだった。

成果の背景には、2000年にパンダが神戸にやってきてからの苦闘がある。02年

春。雄雌二頭が成長し「いよいよ交配」と準備を始めた矢先、雄の初代コウコウが発達不全であることが判明。当時副園長だった園長の石川理が中国に飛んで交渉を重ね、2代目を借り受けた。

だが今度はタンタンとの相性が良くない。「2世誕生」の夢は人工授精に託されることになった。妊娠率を高めるため、岡山大学と共同で研究を重ね、05年には発情ホルモンを約3時間で測定できるシステムを独自に完成させた。

今回残念ながら誕生4日目に死亡したものの、交配、妊娠、出産──と着実に階段を上がってきた8年間。次の目標は、生後6カ月以上を意味する「繁殖成功」だが実は、タイムリミットが迫っている。

神戸市と中国野生動物保護協会が締結した協議書では、借り受け期間が「2000年4月〜10年3月」の10年間。赤ちゃん誕生のチャンスは来年が最後だ。さらに生まれたとしても原則、親子3頭は中国に帰ってしまう。

しかし、石川は思惑を抱いている。「繁殖成功の実績と親子パンダの人気の高まりが、10年4月以降の飼育継続につながるのではないか」

市が2000年から中国側に支払っているのは年間約1億円。市民の理解を得るためにも、石川らは執念を燃やす。

「今度こそ、神戸生まれの元気なパンダを育てて皆さんにお見せしたい」

挑戦の最終章が幕を開けた。（文中敬称略）

(2008/09/04)

コウコウ、安らかに
ファン、人なつこい姿思い涙

神戸市立王子動物園は2010年9月9日、中国から借り受けているジャイアントパンダの雄コウコウ（14歳）が死んだと発表した。人工授精のため、麻酔をかけて精子の採取を試みた後、麻酔から覚める途中で心肺が停止したという。神戸市は今後も繁殖研究を続ける予定で、別のパンダの借り受けを含めて中国側と協議するという。

同動物園によると、9日午前9時すぎ、タンタンに発情の兆候がみられたため、コウコウの精子の採取に取り掛かった。注射や気管チューブ挿入で麻酔をかけたところ、コウコウは同11時20分ごろに寝室に戻ったが、呼吸が浅いなどの異常がみられた。このため酸素マスクや心臓マッサージを施したが、同日正午、死んだのが確認された。麻酔との因果関係は不明で今後、中国側と協議し解剖する。

同動物園は10日から当面、入り口とパンダ館の2カ所に献花台を設け、メッセージノートを置く。

中国では、麻酔による心肺停止はほとんど例がないという。奥乃弘一郎副園長は「原因をしっかり究明したい」。中国野生動物保護協会の蔵春林秘書長は「誠に残念。早急に専門家を派遣し、今後のことを協議したい」とのコメントを寄せた。　（2010/09/10）

初代コウコウ　実は雌
中国帰国後、双子を出産

　共同繁殖研究のため中国から神戸市が借り受け、生殖能力が不十分との理由で帰国した「雄」のジャイアントパンダ、初代「コウコウ」が中国で出産し、「雌」として暮らしている。神戸市灘区の王子動物園で飼育当時も「雌疑惑」が持ち上がったが、この時は中国から専門の獣医師が来日して調査、「雄」と結論づけていた。一方、帰国後の初代コウコウを知る関係者からは「もともと雌だった」との声が上がる。

　初代コウコウは中国四川省のパンダ保護研究センターで誕生し、2000年7月、雌のタンタンとともに3歳で来日。王子動物園の入園者が前年度の2倍以上になるなど、一躍人気者になった。

　雄らしい大きな体格だったが、繁殖期に発情兆候をみせず「雌ではないか」という疑惑が浮上。神戸市は中国から獣医師を招き、超音波によるエコー検査などを実施した。その結果、中国側と神戸市は「雄だが、生殖器の発育が不十分で、数年内に繁殖能力が備わる可能性は低い」と判断し、02年12月、2代目と交換した。

　中国国内の報道や関係者の話を総合すると、中国に戻った初代コウコウは雌の発情行為を示し、卵巣や子宮の位置がずれていたため正常に戻す手術を施した。日本パンダ保護協会（東京）の関係者は「もともと雌で、手術で出産できるようになったと聞いた」と打ち明ける。また「雄と雌両方の特徴があり、手術で正常な雌になった」との説もある。

　その後、初代コウコウは中国作成のパンダの血統登録書で性別が雌に変更された。07年には双子を出産したとの記録もある。

　これまでにジャイアントパンダ12頭が生まれたアドベンチャーワールドによると、パンダは誕生後、体毛が生えるまでの1週間程度の間は性別の判定が比較的しやすいものの、それ以降は2、3歳ごろまで外見では分かりにくいという。

　神戸市によると、性別について中国から正式な報告はない。同市はパンダの借り受けに当たって、野生動物保護支援のため、年間100万ドル（10年7月以降は50万ドル）を中国側に寄付している。王子動物園は「もともと雌だったとしても仕方がない。コウコウが中国で繁殖に貢献しているのは素晴らしいこと」としている。
　　　　　　　　　　　　　（2011/12/24）

4章　神戸のお嬢さま

ひとりぼっちになったタンタン。
来神の目的が中国との
「共同飼育・繁殖研究」だったこともあり、
新たな雄を呼ぶ努力を神戸市は続けたが、
冷え込んだ日中関係の影響もあってか
交渉はまとまらない。そして、
予想もしなかった新型コロナウイルス禍。
人と人が接触することすらままならない今こそ、
タンタンに癒やしと元気をもらおう。
私たちは連載「旦旦的廿年（タンタンの20年）」を
はじめた。

神戸と私を再びつないだ

　むしゃむしゃと、大好きな竹を頬張る。ひたすら食べ続け、腹いっぱいになるとだらしない格好でごろり。

　神戸市立王子動物園の人気者、ジャイアントパンダのタンタンは、新型コロナの影響で入場制限がかけられている今も、いつも通りのリラックスした姿で来園者の視線を集める。

　2020年7月15日の今日、中国との契約期限が切れ、古里への帰国が決まっているタンタン。正式な日取りは未定だが、別れの日は刻一刻と近づいている。

　タンタンは2000年、日中共同飼育・繁殖研究の名目で初代コウコウと来園。繁殖能力に疑問符がついた初代は02年に帰国し、2代目とは10年に死別した。

　以降、同園で唯一のパンダとして過ごしてきた。

　研究のほかに、タンタンの来園には、1995年1月の阪神・淡路大震災で傷ついた神戸市民の心を癒やす目的があった。

　竹をつかみ器用に口に運ぶ、肩を揺らしてゆっくりと歩く、脚を上げてダイナミックに眠る──。愛らしい姿で見る人の心をほぐしてきた。

　6月下旬、園を訪れると、目を赤くしてパンダ舎を見つめる1人の女性がいた。横浜市のアルバイト善積整子さん。「タンタンにお礼が言いたくて」と、遠路はるばる訪れたという。

　神戸市垂水区出身の善積さんは、結婚を機に23歳で横浜に移り住んだ。母が1人で暮らしていた実家は、震災で半壊に。母も横浜へ移ったため、神戸は縁遠い場所になっていた。

　そんな善積さんが再び神戸に通うようになったきっかけが、他でもないタンタンだった。

　「大好きな神戸と私をもう一度つないでくれた。タンタンは私にとって唯一無二の存在なんです」

　〝運命の出会い〟は実は最近だ。2017年6月、上野動物園に「シャンシャン（香香）」が誕生したのを機にパンダが好

最後の姿を写真に収めようとカメラを構える来園者（2020年7月2日）

タンタンの決めポーズ？

きになった。パンダがいる動物園は全国に３カ所だけ。王子動物園にも足が向いた。

「一目ぼれだった」と善積さん。他の園のパンダと比べ脚が短く、顔は丸い。座って食事する上品な姿にも心引かれた。

来神20年になるタンタンの波瀾万丈の日々を知るにつれ、気になって仕方がない存在になった。

以後、３カ月に２回ほどのペースで来神し、ホテルに泊まって１週間、飽きることなくタンタンを見つめた。

「帰国は正直さみしくて、頭からタンタンが離れない。今まで本当にありがとう」。かみしめるようにつぶやいた。

（2020/07/15）

お尻に黄色い歓声

中国の高山地帯に分布するジャイアントパンダにとって、神戸の夏は暑い。

王子動物園のほぼ真ん中にあるパンダ舎。その屋外運動場にある丸太組みのやぐらの日陰で、タンタンが短い手で頭を抱えていた。暑さに耐えているのかと思ったら、眠っている。

6月下旬。午前10時すぎ。気温は27度超。

目を覚ますと、涼を求めてミストシャワーの周りをぐるぐると歩き回った。

獣医師の谷口祥介さんは「平時のタンタンは1日のうち7～8時間ほど食事にあてる」というが、屋外にいたら食欲が進まない。体調管理のため、気温が26～27度になると涼しい屋内に移動させる。

神戸で迎える夏は今年で20回目だ。

太陽が高く昇ったころには、涼しい場所に移動できると知っているかのように、通用口の前にぴったりとへばりつく。タンタンを見るために訪れた来園者には目もくれない。見せるのはお尻ばかりだ。

「こっち向いて」と声が上がるかと思いきや、聞こえてきたのは「かわいい～」「ありがと～」という黄色い声ばかり。この反応をもらえることもお見通しのようだ。

念願かなって屋内に移ると、落ち着いた表情で竹をむしゃむしゃ。「よく食べてよく眠る。それが元気の証し」と飼育担当者。

水害でたくさんの人を苦しめた梅雨が明ければ、夏本番。神戸で最後の夏を迎えようとしている。

（2020/07/16）

暑さが苦手なタンタン。ミストで涼む

おにぎり

丸い背中、後ろ姿が商品に

タンタンをイメージしたおにぎり。腰のつくだ煮がポイント

　きゃぁ〜、おにぎりみた〜い！

　後ろ姿に歓声が上がる。こんな動物も珍しい。

　タンタンは、その丸い背中と白黒のコントラストで確固たる人気を誇る。

　熱心なファンは後ろ姿を指して「タンタンおにぎり」「おにぎりタンタン」と呼ぶそうだ。

　確かに。そう言われると背中の黒い模様はノリ、白いところはご飯にしか見えてこない。

　でも、よく見ると腰の辺りに赤茶色の毛が混じる。これは何？

　「はっきり言うと汚れです。野生下と同じように風呂に入らないので」と担当者。この特徴に目を付けた商品があるらしい。早速、訪ねた。

　王子動物園近くのおにぎり専門店「ころころ」。6月初旬から、タンタンの後ろ姿を模した「ころタンおにぎり」の販売を始めた。店長の江藤俊子さんに作り方を聞いた。

　まず、ご飯を三角形に整え、細く帯状に切ったノリを巻く。小さな半円形のノリを耳にすればもうパンダだ。さらにノリのつくだ煮で腰の毛を再現すればタンタンのできあがり。

　顔型のおにぎりもある。1日計30食限定のため、予約がおすすめという。

　ちなみに園内のレストラン「パオパオ」は、鮭をほぐした身で腰の茶色を表現。ネット上には薄めたしょうゆで色づけたおにぎりの写真もアップされている。

　タンタンのかわいさは食卓にも広がっている。　　　（2020/07/17）

タンタンの後ろ姿。まるで「おにぎり」

61

利き手は「右、時々、左」

　7月初旬。朝の爽やかな風を浴びながら、タンタンが右手（前脚）で器用に竹の葉を食べている。

　はた目には、いつもの穏やかな食事風景。だが、このシーンも飼育員や獣医師にとっては貴重な「研究材料」だ。

　タンタンが来園者を癒やし続ける裏側で、多彩な研究が続けられてきた。

　実際、2000年の来神から20年間で王子動物園などが発表した論文は38本、進行中の研究も10件以上ある。

　飼育展示係長の谷口祥介獣医師が「タンタンの研究は10年目を節目に大きく変わったんです」と教えてくれた。

　最初の10年間は、パートナーのコウコウとの繁殖研究が主題だった。

　パンダの発情期は年に1回、排卵日はたった1日しかない。その1日をどうやって事前につかむか。パンダの〝妊活〟にとって最も大切なポイントだ。同園はその1日を「ほぼ特定」するまでに精度を高めた。

　だが10年9月、2代目コウコウが人工授精の麻酔中に死亡したため、研究はタンタンの行動分析に移

左手で竹の茎を食べるタンタン

行した。24歳になった今は「高齢パンダ」という視点を重視している。

　最近は、タンタンの利き手に関する論文を大阪大学と共同で報告。それによると、竹の葉やペレット、ニンジンを食べる時は主に右手を使うが、竹の茎を食べる時はなぜか左に持ち替えるという。

　「利き手、つまり癖を把握することで、普段と違う行動や異変に気付くきっかけになる」と谷口さん。

　平和な日々のタンタンは「右利き、時々、左利き」のようだ。　　　　　　　　　（2020/07/31）

DJ 警備員

ガラスに描く「ありがとう」

　タンタンファンから、あるうわさを聞いた。

　「パンダ舎には DJ 警備員がいる」

　「DJ ○○」と言えば、軽妙な語り口で雑踏警備をこなした警察官「DJ ポリス」が有名だが、動物園に DJ ？　会いに行った。

　パンダ舎の室内展示場。

　「もうすぐ食事が始まりますよ」「食べたら喉が渇きます。次は水が飲みたくなるんです」

　静かな口調だが、他の警備員に比べると圧倒的に口数が多い。間違いない、この人だ。

　正体は、警備員歴3年5カ月の沢田純一さん。意外にキャリアは浅いが、タンタンの動きを的確に予告し、どこに注目すればいいかを伝えてくれる。

　きっかけは折り込みチラシだった。警備会社の求人案内に「パンダの警備ができる」と書いてあった。

　「動物好きの私には天職だ」。すぐに応募した。

　パンダ舎専門警備員としてタンタンを見つめるうち、かわいさに魅了された。

　「竹を本当に幸せそうに食べる。一瞬の表情を見逃さないでほしい」。それが「DJ

クリーナー剤でタンタンへの思いを記す沢田純一さん

警備員」の始まりだ。市内の百貨店で 40 年間勤め、婦人服売り場のバーゲンセールで鍛えた話術が生かされた。

　新型コロナが広がる前は拡声器を使い、大声で動きを伝えていたが、今は生声で控えめ。その代わり、新たなアイデアがわいた。

　日課のガラス拭き。1 日数度、クリーナー剤でこう記す。「ありがとう　タンタン」

　すると、インスタ映えを狙う観客の人だかりが…。あふれ出るタンタン愛だった。

（2020/08/06）

24 時間態勢で行動記録

世界が称賛

　タンタンに関する 38 本の論文のうち、世界中のジャイアントパンダ研究者たちを「素晴らしい」とうならせた研究がある。

　王子動物園は、中国からパンダが来園した 2000 年 7 月以降、24 時間態勢で行動の記録を続けている。

　その方法はシンプルだ。屋外と屋内の展示場に設置された計 14 個のカメラで、タンタンの行動を常時撮影。録画映像を見返し、1 日の動きを「食事」「睡眠」「運動」に分類する。

　展示場でタンタンがのんびり過ごす間、バックヤードでは飼育員の梅元良次さんがモニターに向き合っていた。

　映っているのは前日の午前 5 時から 24 時間分のタンタンの姿。

　「しっかり食べとるな」「おぉ、今日は早起きや」。画面を見ながら言葉が漏れる。わが子を見守る父親のようだ。

　ゆっくり眠る夜間は早送り。寝相の悪いタンタンは画面から消えてしまうことも。

　カメラを切り替えながら、20〜30 分ほどで 1 日分の映像を見終える。ノートには食事や運動に費やした時間を細かく記す。

　もう 1 人の飼育員、吉田憲一さんと交

前日のタンタンの行動を確認し、ノートに記録する梅元良次さん

代で、毎日これを繰り返す。歴代飼育員の分も合わせると、データの蓄積は20年分にもなる。同園はこのデータを繁殖活動にも役立てている。

18年、中国・成都で開かれた「ジャイアントパンダ保護国際会議」で、同園の代表者が取り組みを報告した。

スピーチ後、スタンディングオベーションになった…かどうかは知らないが、1頭のパンダに対する綿密な観察と蓄積された膨大な記録に世界の研究者たちから称賛の声が上がった。

(2020/08/12)

発情のピーク

··

年にたった1日を割り出し

王子動物園が世界から称賛された20年間にわたる行動研究。この研究は、タンタンの「妊活」にとって重要な意味があった。

ジャイアントパンダの雌の発情期は年に1回、排卵日はたった1日しかない。

食事の合間に散歩するタンタン

動物園の人気動物では、キリンが約２週間、ライオンが20〜50日周期で発情するのと比べると、極端に少ない。

　こんな報告もある。中国の論文によると、自然交配の場合、尿中の発情ホルモンの濃度が最大値を示してから12〜24時間以内に最初の交配をした雌の出産率は76％。だが24〜36時間以内になると51％まで下がる。人工授精では24時間後には０％になった——という。

　谷口獣医師は「いかに発情のピーク、つまり365分の１日を割り出せるか。それがパンダ繁殖の鍵」と説明する。

　一般的には発情ホルモンの濃度変化などから排卵日を推定する。同園は、より精度を高めるため、タンタンが食事と運動に費やす時間にも着目した。

　平時のタンタンは１日のうち７〜８時間を食事に費やし、１時間半〜３時間は獣舎内を動き回る。

　一方の発情期。いつもの食欲がなくなり、ピーク時には食事が１時間未満、運動が７〜８時間に変化するという。

　同園は行動記録から、食事と運動の時間が逆転する「クロス日」の平均11日後が発情のピークと分析。このタイミングで人工授精する王子動物園流の妊活方法を編み出した。24時間の粘り強い行動記録と分析の成果だった。

　そしてタンタンは2007年と08年の２度、妊娠に至った。　　　　　　　　（2020/08/19）

朗報

....

今年も神戸で誕生日

　うれしい知らせだ。

　ふるさと中国への帰国のめどが立たない中、今年も神戸で記念すべき日を迎えることが決定的になった。

　９月16日はタンタン25歳の誕生日。

　うだるような暑さの８月17日。タンタンは冷房が効いた屋内の獣舎で、いつもの大胆な姿で昼寝をしていた。

　まさに、いつもの旦旦的日常。だが、ファンにとって、この日は喜ぶべき節目の日だった。

　王子動物園によると、パンダの移送には約１カ月間の検疫が必要らしい。しかし、四川省と関西空港との直行便は新型コロナの影響で運休したまま。

　帰国の日程が決まらないまま17日を迎え、誕生日まで１カ月を切った。

ファンは喜びを隠せない。

同園へ通い続け、毎年誕生日には必ず駆けつける尾崎真由美さん＝神戸市西区＝は「ただただうれしい」と率直に喜びを表現。「わが家で恒例になっているパンダ型のケーキを、今年も注文します」と高らかに宣言した。

同園は例年、誕生日会を開き、来園者が寄せ書きできるコーナーを設けたり、メッセージを募集したりしてお祝いしてきた。

タンタン23歳の誕生日。特製ケーキにかぶりつく（2018年）

2020年のコロナ禍。担当者は「人を集めるイベントはできない」と肩を落とす。

とはいえ、神戸で迎える誕生日は、きっとこれが最後。ファンの期待に応えなくては。

「お祝いしたい気持ちはみなさんと同じ。9月16日は休園日なので、スタッフがお祝いする様子を撮影し、ユーチューブで動画配信を検討しています」　　　　　　（2020/08/26）

淡河の竹
....

「グルメ」を満足させる味

食事の時間は1日に6回。目の前に主食の竹を置かれると、本当においしそうによく食べる。でも、竹なら何でも食べるわけではない。

様子を見ていると、つかんだ竹を鼻の前に運び、一度香りを確かめる。ほとんどはそのまま食べるが、気に入らないのは、ぽいっと捨ててしまう。

飼育員の梅元良次さんによると、タンタンが捨てた竹をパートナーのコウコウが食べることもよくあったとか。

これが、「グルメ」と呼ばれる理由だ。

そんなタンタンの胃袋を満たし続けてきたのが、神戸市北区淡河町で収穫される竹。農家らでつくる「淡河町自治協議会笹部会」の3人が週に3度、交代で鮮度のいい竹を届けてきた。

3人の中で唯一、来園当初から運び続ける岩野憲夫さん。「前に届けた竹が枝だけになっていた時はうれしかったなぁ」と目元にしわを浮かべた。

タンタンのえさの竹を運ぶ岩野憲夫さん（左）ら
＝神戸市北区淡河町神影

「若い竹より、数年育った竹がいい」。20年間で好みは把握した。

それでもタンタンのグルメっぷりが上回ることは多かった。好みは体調や季節によっても変わる。常にいい竹を探し続けるうち、旅行先でも竹を見つけると葉や幹の状態を見定めるのが癖になった。

来園時4歳だったタンタンは間もなく25歳。

「いつまでたっても子どものような存在。帰ってしまっても、竹を見上げるのはやめられそうにない」

岩野さんはそう言った。

（2020/09/04）

4種の竹

好物を食べ比べてみました

どんな味がするのだろう？

いつもおいしそうに竹を食べるタンタンを見るうちに、素朴な疑問が湧いた。

初夏。餌の竹を収穫している神戸市北区淡河町の岩野憲夫さん、辻井正さん、西浦常次さんの下を訪れた。

辺り一面に広がる竹林。タンタンがこの光景を見たらよだれを垂らすかも、と想像が膨らむ。

現在、この場所で収穫され、餌として届けられている竹は4種。3人に許可をもらい、新鮮な竹の葉を食べ比べてみた。

まず、タンタンが年間を通してよく食べるという孟宗竹（もうそうちく）から。

葉は薄い。口に含み、奥歯でじっくりかむ。次第にほんのりと甘みが広がった。

次に、食べ残すことが多いという淡竹（はちく）。

孟宗竹より葉は薄いが繊維がしっかりとしており、とにかくかみ切れない。その上、かめばかむほど口いっぱいに苦味が…。

4種の中で唯一ササに分類される矢竹（やだけ）は、ほとんど味がなかった。ざらざらとした繊維感だけが舌に残り、1枚を食べきるのは苦行だ。

一番食べやすかったのは女竹。一口かむ。じわっと甘みが出た。やや大味だが、かみ応えは孟宗竹と似ている。ぺろりと食べきることができた。

とは言え、おいしいものではない、というのが率直な感想。当たり前だがパンダとは好みが違うようだ。

その日の夜、喉には繊維がつっかえるような違和感が残った。

まねはおすすめしません。　　　　　　（2020/09/09）

神戸市北区淡河町で収穫された４種の竹。左から女竹、淡竹、矢竹、孟宗竹

誕生日

まさかの昼寝にあぜん

不安は的中した。

2020年9月16日はタンタンの25歳の誕生日。貸与期限が7月に切れ、本当ならふるさとの中国で迎えるはずだった。だが、新型コロナの影響で飛行機が止まり、神戸で祝うことができる最後の記念日だ。

だから飼育員はがんばった。ケーキの土台は400キロの氷。今年は特別に2層にして、好物のリンゴやブドウ、淡河の竹をふんだんに盛り付けた。過去最大級のバースデーケーキだ。

午前11時前、誕生日会が始まった。昼のニュースでかわいい姿を速報しようと、40人近い報道陣が待ち構えていた。

そこへ、タンタンがひょこっと顔をのぞかせた。だが入り口で尻込み。異変には昔から敏感だ。ケーキには目もくれず、周囲をうろうろ。ついにはお気に入りの寝台でごろり。そのまま昼寝を始めてしまった。

ああ…。まさかの行動

25歳の誕生ケーキを味わうタンタン

に、カメラマンからため息が漏れた。

「あのタイミングで寝てしまうとは。でも嫌な予感はあったんです」と飼育員の吉田さんと梅元さん。

早朝は機嫌が良かったのに、2人がタンタンを放置してケーキの準備に夢中になりすぎ、不機嫌になったようだ。

準備で大きな音を出したことや、大勢の職員が獣舎に出入りしたことも原因。会の直前、おりの隅っこで動かなくなってしまった。

「警戒させてごめん」と2人。約20分後、やっとケーキに歩み寄り、好物をむしゃむしゃ。

「誕生日おめでとう！　20年間ありがとう！」。飼育員の思いはきっとタンタンに伝わっている。

（2020/09/17）

公式SNS

人気画像は飾らない表情

タンタンの取材でいつも驚くのは、カメラを持つ人の多さ。私の業務用一眼レフよりはるかに立派…。SNSにたくさん投稿されているのではと思い、チェックしてみた。

ある、ある。「＃今日のタンタン」という投稿を発見。王子動物園の公式アカウントではありませんか。食事後の眠そうな姿や、おいしそうにササを頬張っている姿。なんとも愛らしい。トレーニングの動画まである。時間を忘れて見入ってしまった。

「SNSの投稿は基本、私が全て担当しています」と話すのは、飼育員の梅元さん。タンタンの担当になって

飾らない表情が人気のタンタン

2020年で12年。タンタンに会いに来ることができない人を楽しませたいと始めたそうだ。

4台のカメラを駆使し、パンダ舎の屋上から、小窓からと、飼育員ならではのアングルでタンタンを狙う。「かわいい瞬間を逃すまいと連写するので、1日2千枚ほど撮りますね。その中からえりすぐりを選んでます」という気合の入りよう。だが、梅元さんはつぶやく。

「なんでこれ？っていう写真の方がよく見られるんですよ…」。

11月下旬の朝。タンタンがササを横にくわえている表情を激写。人気アニメ「鬼滅の刃」のヒロインでいつも竹をくわえている禰豆子を思わせるショットに「これはいける！」と期待したが、結果はほどほど。梅元さんによると、当たり前の光景のほうが人気があるという。

「みんなが見たいのは飾らないタンタンなんですね」。どんな写真も梅元さんの愛のある一枚だ。

（2020/12/19）

腹時計

1日6回　正確に反応

2021年、コロナ禍の結果、まさかの〝神戸越年〟を果たしたタンタン。会える喜びをかみしめながら、報告を続けます。

午前10時前。タンタンがパンダ舎の扉の前に座っている。みんなに丸い背中を向けたまま…。

何をしてるんだろう？「あれはごはんを待ってるんですよ」と広報担当の栗山聡史さんが教えてくれた。

タンタンの腹時計はものすごく正確らしい。食事は1日6回。時間が近づくと、早く食べたくて扉の前にやって来るのだ。

餌の準備の間、寝室で待つタンタン

外から中へ移動するとき、お客さんには見せない「秘密の通路」がパンダ舎にはあるらしい。見せてください！　とお願いすると飼育員の吉田さんが案内してくれた。

通路には鉄製の頑丈な部屋がいくつも並んでいた。食事の前、タンタンはまず「寝室」に入る。その間に、飼育員が別の場所にササやタケノコを用意するという。

「いつもかわいいタンタンですが、クマ科の大型動物なんで、用心は欠かせません」

おりの向こうで「ごはん、まだかな」と大きな目をきょろきょろさせるタンタン。やっぱり、かわいい…と勝手に癒やされていると、鉄格子からタンタンの鋭い爪が。

想像よりずっと長い。木登りをするとき、重い体を支えるのに必要なのかも。やっぱり野生動物。「怖っ」っと思ったことを告白します。

ところで、「寝室」はあれど、タンタンの寝る場所は決まっていないらしい。

最近のお気に入りは屋内展示場の大きなタイヤの中。ここでササに囲まれながらすやすや寝ている姿が24時間カメラに記録されていた。

普段見られないパンダ舎の秘密はまだまだありそう。　　　　　　　　　　（2021/01/09）

健診訓練

....

失敗すれば頭抱え悩む

トレーニングがうまくいかず、頭を抱えるタンタン（王子動物園提供）

パンダ舎の一番奥に、トレーニング用の一室があった。大きなおりや注射器、レントゲンの機材が置いてある。

ところで、何を鍛えるの？

「筋トレではなく、タンタンの健康チェックが目的です」と獣医師の谷口さんが教えてくれた。

「ハズバンダリートレーニング」というらしい。タンタンが日々の健診を嫌がらずに受けてくれるための「受診動作訓練」だ。毎日閉園後、検温、触診、口腔内のチェック、採血、さらにレントゲンのための練習をしている。

使うのは、大好物のリンゴと、「カチッ」と音の出る訓練用器具「クリッカー」。口腔内を調べるには口

トレーニングの成果。右腕を前に出し血圧を測る（同園提供）

を大きく開けてもらわなければいけない。訓練では、縦長にカットしたリンゴを口元に運び、大きく口が開くと、「カチッ」と鳴らしてリンゴをあげる。「クリッカーの音がすれば大好物がもらえる」と学習させ、健康状態を見るための動作をさせるという。

「タンタンは割と、こうかな、こうかなと自分でいろいろ動いてくれます。賢い子です」と飼育員の吉田さん。どうしても分からないときは、おりに手をついて下を向き「もうわかりません…」と困るんだとか。

一連のトレーニングは約10年かけてできるようになった。最近は通常の健康チェックに加え、高齢のジャイアントパンダがなりやすい高血圧、心臓病、歯のすり切れ予防にも欠かせない。

こつこつ毎日。飼育員との日々の努力がタンタンの健康を支えている。　（2021/01/16）

自然な動き活用し健診

　前項に続き、タンタンの「ハズバンダリートレーニング」の紹介を。日々の健診を嫌がらずに受けるための「受診動作訓練」のこと。「苦労はたくさんありました」と飼育員はしみじみ語る。

　梅元さんと吉田さんは約10年前、中国四川省にある雅安パンダ保護研究センターで3週間、繁殖の研修を受けた。そこで初めてハズバンダリートレーニングを知った。

　すごい！　これなら麻酔を打たずに健康チェックができる。早速現地スタッフに教えを請いたが、やり方はばらばら。結局、何が正解か分からずじまいだった。

　当時、日本でも始まったばかりらしく、参考文献は見当たらない。どうしよう…。2人は発想を変えてみた。「採血したいからこう動いて」ではなく、「タンタンのこの動きはこれに活用できないか」と。

　「無理強いはさせない。ストレスをかけないのが大切」と梅元さん。つかむ動作を、採血

目薬をするタンタン。じっとしていられたらリンゴがもらえる（王子動物園提供）

や血圧を測る動作に応用したり、頭上のおりの格子をつかませ、触診できる姿勢にしたり。採血ができるようになるまで1年ほどかかった。

「あの時はうれしかった。あの子の頑張りが実った瞬間です」

「そこからはスムーズ。かしこいなぁと思いますね」と梅元さん。今では約15種類の動作ができるから診察もスムーズだ。気分が乗らずに失敗しても、気分転換した後に再挑戦してもらう。

「できないまま終わると、それでいいと思われてしまうので」

タンタンとのトレーニングもあと少し。「帰る日まで、あの子の健康のために続けます」と梅元さんは話す。

(2021/02/13)

心臓疾患

....

帰国の時期、不透明に

タンタンに心臓疾患の疑いありと2021年4月19日、王子動物園が発表した。精密検査の結果、30日には「不整脈になっている」との追加発表が。

「大丈夫かな…」。この前見たときは、暑さでバテていたけれど、好物のタケをおいしそうに食べていたのに。

「高齢に伴う病気です。今のところ目立って苦しんでいる様子はないですよ」と獣医師の谷口さん。ジャイアントパンダは21歳以上で高齢とされる。25歳のタンタンは人間でいえば70代ぐらい。「とはいえ、いつ悪化するかは分からないので、しっかり経過を観察しています」。気は抜けない。

睡眠時間が通常より3〜5時間増えた。運動量が減り、食欲も以前よりないという。心臓疾患は1月下旬の定期検診で不整脈が判明。現在、注射

心電図検査のため、体毛をそったタンタン

のほかに、餌にも薬を混ぜている。薬は血液の巡りが悪くならないように血管拡張剤を使用。大阪府立大や中国の専門家からアドバイスを受けて治療している。

　気になるのは中国への帰国だ。担当者は「中国との具体的な話はまだできていない」とのこと。

　「どの動物でも長距離輸送は体に大きな負担がかかる。コロナの状況も踏まえて協議しています」と谷口さん。

　中国・成都への直行便は、新型コロナの影響で欠航中だが、少なくとも５時間はかかるという。

　ジャイアントパンダの心臓疾患は、2008年に上野動物園のリンリンが慢性心不全で亡くなった例がある。完治は難しいが、今は問題なく過ごしているという。

　「健康が最優先。見守っていただけたらうれしい」と谷口さん。

　タンタンには神戸で21年間、一緒に歩んできた頼りになるチームがついている。

（2021/05/07）

2008年の出産①

３日後に死んだ赤ちゃん

出産後のタンタン。足元に赤ちゃんがいる（王子動物園提供）

　タンタンには2021年の今年、発情の兆候がなかった。前年まではあったらしい。今年も例年通り食欲がなくなったから「もしや」となったが、心臓疾患の影響だったようだ。

　パンダは１年に２、３日しか受精のチャンスがない。自然交配は難しく、赤ちゃん誕生のハードルは高い。

　タンタンは2003年から人工授精に挑戦し、2008年に待望の赤ちゃんが生まれた。だけど、４日目に死んでしまった。当時のことを知りたくて話を聞いた。

　「生まれたときはすごかったんやで。なんていうか、カーニバルやった」と飼育員の梅

元さんが振り返る。

その夏。バックヤードで産室を見守っていた。タンタンがそわそわしている。その瞬間、「ポロッ」とネズミのような生き物がこぼれ落ちた。

速報すると報道関係者が殺到。すぐに会見が始まった。おめでとうメールや電報が続々と届いた。

王子動物園は特別チームを編成し、24時間態勢でタンタンと赤ちゃんを見守った。だがメンバーに、パンダの出産と育児の経験がある中国人スタッフがいなかった。3カ月前に起きた四川大地震の影響で来神できなかったのだ。

4日目の朝。梅元さんは2頭に異変がないのを確認し、別の職員に引き継いで家路についた。途中、携帯に何度も着信があるのに気づいた。「戻ってきてくれ」。お祝いムードは一転した。

死因は衰弱。赤ちゃんの胃には微量の母乳が残っていた。タンタンが強く抱きすぎて圧迫されたのか、母乳が十分に出なかったのかは分からないという。

「タンタンは赤ちゃんを抱いて離さなかった。僕たちにもあの子にも初めての経験。知識が足りなかった。僕たちが死なせてしまった」と梅元さん。

悲しみのどん底に突き落とされた。 (2021/05/18)

2008年の出産②

雄のコウコウも死ぬ

赤ちゃんが死んでからすぐ、王子動物園は「来年こそは」と前を向いた。赤ちゃんを悼む献花台には多くの市民が訪れた。飼育員の梅元さんは「もちろん泣いた。でも次こそは元気に育ててみせると決めた」と話す。

だが…。タンタンの出産から1年後、雄のコウコウが死んでしまった。再挑戦の人工授精のためにかけた麻酔から目覚めない。

「起きるのを待っていたんだけど、あれ？　起きないぞって…」。すぐに飼育員らが人間用の自動体外式除細動器（AED）で心臓マッサージを始めたが、体毛のせいで効果は得られなかった。死因は窒息。麻酔からの回復途中、嘔吐で胃液などが肺に入ってしまった。同園にミスはなかったと中国側は言ってくれたが、悔しさとやるせなさで飼育員らの気持ちはふさがるばかりだった。

その後、中国の雅安パンダ保護研究センターへ飼育や繁殖の研修に行くチャンスが巡って

餌を食べようとしているタンタン

きた梅元さん。二つの命を失わせてしまった悔いを胸に、言葉の通じない中国で3週間、見て学んだ。そこで知ったのが、麻酔をしなくても日々、健康状態を確認できるハズバンダリートレーニングだ。

「正直、言葉の壁もあり、満足に勉強できたわけではないけれど、自分たちなりにやってみようって」

麻酔事故の教訓が、今のタンタンの健康管理につながっているのだ。4月19日に発表された心臓疾患の発見も、このトレーニングのおかげで麻酔をかけず発見することができた。

コウコウが死んだことで繁殖研究の道は閉ざされた。

その後、タンタンに「ある変化」が起きた。 （2021/05/19）

母性の強さ　行動で示す

　タンタンには元々、手頃な石やニンジン、タケを抱きしめる行動が見られた。胸にぎゅっと抱いて離さず、動かない。大きさはだいたい赤ちゃんと同じサイズ。

　この行動は毎年6〜8月に見られ、1日数時間抱いている日もあるという。

　「偽妊娠の行動の一つで、赤ちゃんに似ている物を抱いたりなめたりする行為です。パンダは受精していなくても、妊娠した状態になることがあります」と獣医師の谷口さんが説明してくれた。

　王子動物園によると、国内で赤ちゃんをあやすような行為は確認されておらず、海外でも米国とオーストラリアの動物園で事例があったぐらいという。タンタンは出産後、ホルモンバランスが崩れ、期間が延びることもあった。

　「抱いてる間は餌を食べないので、体重が落ちる。健康面でも良くないんです」と谷口さん。高齢な上、運動量も減り、放っておけない。そこで手頃な石をどけたり、餌を通常より小さくしたりした。だが、ニンジンやタケをちょうどいい大きさにして抱きしめてしまうこともあるという。

　「出産を経験し、あの子は本当に母性が強いんだなって感じる。でも、ごはんは食べてくれないと…」と飼育員の梅元さん。

　赤ちゃんが死んで今年で13年。「出産後は本当にいろいろあったけれど、飼育員として成長もできたし、感謝しかない」と振り返る。

　赤ちゃんを抱いた4日間が忘れられないのかな。子どもパンダに間違えられるほどかわいいタンタンだけど、立派な母としての一面も持っていた。

　　　　　　（2021/05/20）

目をつぶり、おいしそうにタケを頬張るタンタン

投薬治療で数年ぶり復活

　「パンダ団子が数年ぶりに復活！」。王子動物園新聞、でもあれば堂々と１面を飾ったであろうニュースを控えめにお伝えします。

　４月に心臓疾患が発表されたタンタン。以来、錠剤の強心薬、血管拡張薬、利尿薬の投薬が続いている。薬を味見した獣医師の谷口さん評は「シンプルに苦い」。

　リンゴやブドウに埋め込んでみてもタンタンは数日で察知し、果実ごと口からぽろっと、はき出すようになった。用心深いなぁ。

　ならばと、リンゴとブドウをミキサーにかけ、砕いた薬と混ぜて凍らす。あるいはと、サトウキビのかけらで錠剤を挟んで凍らす。

　愛ゆえの「欺きメニュー」を作れば１、２週間は食べてくれた。

　そして――。５月に復活したのが「パンダ団子」だった。

　竹の粉、米粉、トウモロコシ粉、卵などを混ぜて蒸したメニューで、中国ではパンダの栄養補給に重宝されるらしい。

　同園でもタンタンの来日時に中国人スタッフから教わったレシピをベースに作って与えてきたが、数年前からは手間のかからないペレットで代用していた。

　だが、心臓疾患の発覚後はペレットをあまり食べなくなったため、再び団子に白羽の矢が立ったというわけだ。薬を混ぜてもぺろっと平らげたから、晴れて投薬用に「ローテーション入り」した。

　夏になると薬を混ぜた「サトウキビジュース」も採用。「できる限りメニューを増やして、タンタンの目（味覚か？）をごまかしていきたい」。谷口さんたちの格闘は続く。　　　（2021/09/15）

パンダ団子をほおばるタンタン（王子動物園提供）

入る入る詐欺

体調回復し、悪知恵発揮

トレーニング室に前足を入れたタンタン（王子動物園提供）

2021年9月16日。きょうはタンタン26歳の誕生日。

コロナ禍はつらいことばかりだが、タンタンの帰国を足止めした、という一点だけには感謝したい。ただ、休園や入場制限もあって、来園者との接点は例年よりもはるかに少なかった。

ここでは休園中に人知れず起きた小さな「事件」を紹介したい。

タンタンは心臓疾患の治療中。診察や投薬は最初、日々の動作訓練の中にこっそり忍ばせた。彼女を訓練部屋に導くことも、梅元さんら飼育員の欠かせない仕事だった。

小柄で高齢、療養中でも、猛獣は猛獣。飼育員でも体を抱えて連れ回すわけにはいかず、移動させたいときは上手に気を引くしかない。

5月のある日。

タンタンは大好物のリンゴを一つ、二つと拾いながら訓練部屋に続く通路を前進した。体が入った。よし、と梅元さんが扉を閉めようとした瞬間、タンタンは後ろ脚を通路に残して阻止。

やられた…。そのまま体を伸ばして届くリンゴだけを平らげ、ぷいと引き返した。

あと一歩、いや半歩だったのに。梅元さんらの期待につけ込み、タンタンは何度か同じ手口を繰り返した。一連の行為は、スタッフの間で「入る入る詐欺」と命名された。

「動かない。食べない。言うことを聞かない。僕らから見て、一番、体調が悪かった」という3月末から4月は、梅元さんらが呼びかけても、1時間以上は無視を決め込んでいた。

その日々を思うと「食欲も体調も、底を脱した様子」と、梅元さん。

悪知恵も頼もしい、と優しく笑った。　　　　　　　　　　　（2021/09/16）

保存しやすい「四角」に

「団子」なのに丸くないやん——。

「パンダ団子が数年ぶりに復活」と報じたところ、社内外からそんな指摘を頂いた。80ページの王子動物園が提供してくれた写真だ。

タンタンがご機嫌で口に運ぼうとしている黄色いそれは、確かに丸くない。平たくて、四角い。

団子団子、と騒ぎながらの説明不足を猛省する。園によると、深い理由はないが、強いて言えば一度で1週間分を作るため、コンパクトに保存しやすいのが「平たい団子」だった、とのこと。

以下、パンダ団子の概要を再掲する。

プレゼントの「ハンバーガーセット」にかぶりつくタンタン。具はパンダ団子だった（王子動物園提供）

材料＝竹やトウモロコシの粉、米粉、卵など

調理方法＝練って練って蒸す

味＝パンダ界では美味とされる

以上。形状については書けていませんでした。すみません。

先日、26歳の誕生日を迎えたタンタン。体調に配慮して来園者や報道陣への公開イベントは取りやめたが、飼育員が恒例のお祝いメニューをプレゼントした。

毎年考えるのも大変らしいが、今年は好物の果物をたっぷり使った「かき氷風ケーキ」と「ハンバーガーセット」なるものに。祝福されるタンタンの様子は、バースデー当日にSNSで公開された。

鼻を近づけ、くんくん。がぶっ。むしゃむしゃ。がぶっ。しばらく以下同文。タンタンの病状に気をもむファンも、この食いっぷりにほっとしたのでは。

映像をよく見ると、2種類のお祝いメニューにはいずれも、ビスケットのような土台に「26」の数字をかたどったプレートが添えられている。この材料が実はパンダ団子で、地味に祝福ムードを演出した。

さらに目を凝らす。団子のプレートは平たいながら、円形ではないか。

「誕生日の特別仕様です。今回だけ、パンダの顔をあしらってみました」と広報担当の木下博明さん。

四角い団子がまーるく収まりました。　　　　　　　　　　　　　　　　（2021/09/23）

有給休暇
....

体調万全の観覧再開期待

王子動物園から残念な知らせが届いた。

2021年11月22日から、タンタンの観覧が当面中止になったという。園によると、理由は「体調管理のため」。心臓疾患の病状はというと、体液がたまるなどの循環不全の状態で食欲や運動量の低下がみられるという。

実は、観覧中止は初めてではない。

10月21日午前。子ども向けに催されたバードショーの取材で園を訪ねた記者は、入場ゲートでアナウンスを聞き、どきっとした。

「本日はタンタンの観覧を中止します」

観覧中止期間中、屋内の寝台でごろごろするタンタン（王子動物園提供）

　慌てて広報担当の木下さんに尋ねると、「大丈夫ですよ。元気です」と返ってきた。「一応、大事を取りました」

　タンタンの体調不良は６月下旬頃から続く。そんな中、この日は朝からいつもより運動量が少なかった。ちょっとした制約さえもタンタンの負担になる──。スタッフは考えた。

　制約その１。観覧時間中、タンタンはガラス張りの屋内獣舎にいないといけない。なので、好きなときに、人目につかない寝室でごろごろできない。

　制約その２。飼育員が竹などの餌を交換する間、「高齢でも猛獣」のタンタンは隣の寝室にいったん引き上げる。新しい竹が置かれ、飼育員が出ていった後で、またすぐ観覧用獣舎に戻るのだ。

　細かいことだが、「ストレスがかからない、とは言い切れない」と木下さん。午後の観覧再開も検討したが、念のため休ませた。

　観覧中止を知らせるこの日のSNSの投稿には、写真とともに健在が明記されたこともあり、「タンタンファースト」などと、園の判断を好意的に受け止めるコメントが相次いだ。園内にいた女性ファンは、サラリーマンの「有給休暇」に例えてこう付け加えた。「長年ためた分、思う存分消化していいのよ！」

　このときは２日後に観覧が再開された。今回の観覧中止は既に11日間に及んでいる。

　心配は募るが、原因はあくまで体調「不良」でなく「管理」という。園は「トレーニング室に入ってきてくれず、診察や検査を十分にできていない」と、多分にタンタンのご機嫌の問題もあると強調する。体調を把握し、可能と判断できれば「観覧を再開する」そうだ。

　たっぷり「有給休暇」を消化して、また元気な顔を見せてほしい。　　　　　（2021/12/03）

飼育員に「リンゴちょうだい」

　心臓疾患と分かった春以降、トレーニング室での診察がタンタンの日課だ。

　当初は戸惑っていたが、次第にうまくこなせるようになった。何なら、タンタンのほうから進んでトレーニング室にやって来ることもある。

　さすがは「神戸のお嬢さま」。えらい。賢い。と思いきや、飼育員の梅元さんの目はごまかせない。「ご褒美が欲しいだけでしょう」

　SNS に投稿された写真を見る。トレーニング室のおりに前脚をかけ、頭を下げるポーズ。何かのアピールらしい。隙間から鼻を突き出すパターンもあった。

　漫画のように吹き出しをつけるなら「早く〇〇〜」。〇〇に入るのは「検査して」か、「リンゴちょうだい」か。園の公式見解は後者だ。

　理由はともかく、鋭い爪を隠さずに訴える姿は、いつしか SNS 上で、ファンたちにこう名付けられた。圧力をかけるタンタン。略して「圧タン」。

おりの外に鼻を突き出して「圧タン」するタンタン（王子動物園提供）

トレーニング室では図らずも、圧タンがやりやすくなる環境整備が進んでいた。

エコーや聴診中は、前脚でおりをつかんで立つ。ずっと顔を上げているのは大変そう、ということで、おりの中央付近、ちょうどタンタンの顔の高さに「あご置きバー」を新設したのが10月初め。「今度は前脚がずり落ちてる」と異変を見逃さなかったスタッフの提案で、左右に1本ずつの「前脚置きバー」が加えられた。

結果、気軽に圧タンができるように。約3週間観覧が中止されていた間も「毎日やってます」（広報）。スタッフが出勤するなり、「何かください〜」と言いたげに、おりに顔をめり込ませて待っていたこともあるそうな。 (2021/12/15)

昼夜逆転？

観覧再開も夜更かしに

一足早いクリスマスプレゼントが届いた。そんな気持ちにさせてくれる吉報である。

タンタンの観覧が2021年12月14日、およそ3週間ぶりに再開された。時間が不規則になっていたトレーニング室での診察や治療が、朝夕に安定してできるようになったのが理由という。

引き続きタンタンの体調管理に万全を期すため、観覧時間は午前11時〜午後1時に短縮する。さらに、タンタンが寝室にこもっても、そっとしておく代わりに、観覧通路には寝室の様子を映し出すモニターを新たに設けた。

観覧が再開し、客が入ってもマイペースに背中を向けるタンタン

22日間に及んだ異例の観覧中止。その間、変わらずタンタンのそばにいた飼育員の吉田さんは、あることに気付いた。

「昼夜逆転したんかなあ」

休み中、タンタンに変化があった。最

近ほとんど手をつけなかった竹を再び食べるようになったことだ。それもなぜか、だいたい決まって夜中に30分ほど。のそのそと歩き回り、どちらかというと活発なのもやはり、夜中らしい。

昼間はというと「うーん。だいたいずっと寝てるなあ」と吉田さん。ジャイアントパンダは夜行性ではない。まあ、昼行性というわけでもないのだが。首をかしげつつ、おおらかな性格の吉田さんは追及の手を緩める。「夜中でも、たくさん食べてくれたほうがいいからな」

食っちゃ寝食っちゃ寝が基本のパンダは1日に4、5時間は竹を食べている。タンタンも食欲が戻るのに越したことはない。

「神戸のお嬢さま」の異名を持つアイドルの品位に関わるとか、関わらないとか、そんな論争は巻き起こりそうにない。タンタンの夜更かしを、みんな温かく見守っている。

(2021/12/22)

今年もよろしく
....

契約延長で穏やかな1年に

2021年も暮れの12月下旬、王子動物園は中国との間で、タンタンの飼育契約を延長すると発表した。

延長期間は2022年末までの1年間。オミクロン株が猛威を振るう新型コロナウイルス禍が続いていること、タンタンが心臓疾患の治療中であることを考えると素人目線では既定路線にも思えるが、「仮に契約期間が過ぎたままだと宙に浮いてしまってる感覚というか、急な返還があり得るのかなと心配しながら過ごすことになるので、(延長は)私たちもほっとした」と、広報の木下さんは言う。「治療、飼育に専念できるのはうれしいですね」

年越しの瞬間のタンタンはというと、元旦に飼育員が録画映像で確認したとこ

獣舎で眠る、年越し直後のタンタン(王子動物園提供)

ろ、獣舎でぐっすりと眠っていた。

　朝、出勤してきた飼育員からもらったニンジンをぺろりと平らげ、穏やかに新年をスタートさせたという。

　タンタン宛てに、年賀状も届いた。全国のファンから、約160通が寄せられた。

　　今年も神戸で旦旦さんが過ごせるキセキに感謝

　　この世の生命体の中で「たんたん」が一番好き

　　「また明日ね」をつみかさねていこうね

　パンダの絵と写真が大半を占める中、はがきいっぱいに大きな赤い果実を描き「リンゴをどうぞ♥」なんていう粋な1枚も。

　せんえつながら小生、担当の獣医師や飼育員たち「チームタンタン」の皆さんから、お返事を預かりました。タンタンに代わり、紙上にて寒中見舞いとさせていただきます。

　「タンタンを応援してくださっている皆さんもチームタンタンの一員です。これからもタンタンを応援し、見守っていただければと思います」

（2022/02/02）

パンダの骨格

....

ARアプリで観察体験

　タンタンにはかつてコウコウ（2000年〜02年）、2代目コウコウ（2002〜10年）と、2頭の伴侶がいた。一度出産したがすぐに赤ちゃんが死んでしまい、2代目が世を去った後は1人暮らしが続いている。

　日中共同飼育繁殖研究――。中国からパンダを借りる大義名分の「繁殖」ができなくなっ

研究用に作られたパンダの骨格の3D映像（王子動物園提供）

た後も、タンタンは王子動物園に残った。

　タンタンの故郷は中国・四川省。周辺を深い山に囲まれた「臥龍自然保護区」で、標高は2000メートル近くあり、真夏でも気温が25度を超えることはない。一方、神戸の夏は断然暑く、「日本での飼育そのものも立派な研究なのです」と、広報の木下さん。

　後付けの感も否めないが、それでタン

タンが神戸に残れるのなら…。

「繁殖」「性ホルモン」「排卵日」の言葉が並んだ研究テーマも粛々と「高齢」や「健康管理」に変わっていった。

その中に、こんな変わり種がある。目の前のタンタンが骨に見えてしまう研究である。

正確には「AR（拡張現実）技術を使った学習効果」を測る研究。神戸大学大学院の研究プロジェクトの一環として2018年、動物園が場所を提供した。

共同研究者の多摩美術大（東京都）が国立科学博物館の骨格標本を基にパンダの骨格の3D映像を作り、ARアプリを開発。タンタンの観覧室のガラス窓には、このARが体験できる二次元コードが張り出された。

タブレット端末のカメラで読み込むと、タンタンの画像上に骨格の映像が現れる仕掛けである。

タイヤの穴にすっぽりと腰掛け、竹を食べるタンタンは格好の教材になった。

ジャイアントパンダの前脚の骨には第6、第7の指とも呼ばれる二つの突起があり、竹をつかみやすくできている。その特殊な動きを視覚的に学べる代物だった。

ただし、これは公募で招いた小学生のみが対象の、1日限りの実験。その後、3D映像を動物科学資料館に展示すると、アンケート回答者の7割が「竹を握るパンダの手（脚）の秘密がよく分かった」と答えるなど一定の成果が得られたとするが、「以後に活用した実績や復活の予定はございません」（木下さん）。

ほぼ幻の取り組みであった。
(2022/02/08)

国内のメスで最高齢

2022年秋で27歳、人間なら80代

2020年7月に予定されていた中国への返還が延び延びになり、翌年も9月16日の誕生日を神戸で迎えたタンタン。現在26歳。人間なら70代という。

ところで、国内で飼育されているジャイアントパンダの最高齢は何歳なのか。

上野動物園（東京都）とアドベンチャーワールド（和歌山県）にいる計12頭の生年月日を調べると、アドベンチャーワールドのオス「永明（エイメイ）」が最高齢だった。タンタンより3年早い1992年9月14日生まれで、29歳。今も元気だ。

エイメイは16頭の父親で、最近でも2020年11月に子どもが生まれた。同園はホームページで「飼育下で自然交配し、繁殖した世界最高齢のジャイアントパンダ」と紹介する。タン

タンはエイメイに次ぐ2位。メスに限れば最長老だった。

　世界に目を向けると、2016年に香港の動物テーマパークで死んだメスの「佳佳（ジアジア）」はなんと38歳だった。当時の報道によると、世界最高齢の飼育パンダとしてギネス世界記録に認定されており、人間でいえば114歳に相当する。

　それ以前の記録は「都都（ドゥドゥ）」だ。1962年に野生で生まれた後、中国の動物園で生涯の大半を過ごし、1999年に36歳で死んだ。

　野生のジャイアントパンダの平均寿命はおよそ20年というから、例に挙げた個体は長生きといえる。

　タンタンは秋、27歳になる。

　パンダの1年は人間の3年と換算するのが通例のようで、その暁には王子動物園は「人間なら80代」と説明することになるそうだ。

　今年も神戸で、みんなで祝えますように。　　　　　　　　　　　　　　（2022/03/16）

※エイメイは2023年に中国へ帰国した。

「震災復興にパンダを」市が誘致

最優先は市民生活。動物園、駄目もとで予算要求

　ここから3回にわたり、タンタンが来日した前後の出来事を当時の園長に振り返ってもらいます。（敬称略）

　　　　　　　　…

「やってみるか」

　1997年の秋、神戸市の建設局長は言った。「え、いいんですか？」。来年度の予算要求で市庁舎を訪ねた王子動物園の副園長、大久保建雄は目を丸くした。「可能な限り支援する」。すぐに助役まで話が通った。

　「園の誰もが無理だと思っていたし、私も『こんなときにけしからん』と叱られて帰る心づもりでした」

　中国からパンダを借りたい——。「駄目もと」で踏み出した夢の第一歩の記憶を、大久保が懐かしそうに振り返る。

　その2年前の1月17日、阪神・淡路大震災が神戸の街を襲った。死者6434人、行方不

明3人という犠牲者を出した巨大地震の爪痕は色濃く、市民の生活再建も途上だった。

　そのころ、当時の園長権藤眞禎は、日本のほかの動物園が中国でパンダ誘致のロビー活動を進めているのを察知した。「このままでは王子はじり貧になる」。危機感が募った。

　ジャイアントパンダはワシントン条約で商取引が禁止されているが、和歌山県のアドベン

チャーワールドや海外の動物園の事例から、外交の一環であっても、パンダを借りる費用は億単位に上ることが分かっていた。

　大久保たちは葛藤した。「生身の人間としてはね、復興にお金がたくさんいるときに、動物園にそんな大金無理やろうと。当然、最優先は市民生活。でも、何の努力もせんと持っていかれたくない、という気持ちも少なからずあったんですね」

　足跡だけは残しておこう……。「チャンスをください」と予算要求すると、市の幹部はこう言った。「神戸の子どもたちがきっと喜んでくれるでしょう」。それは復興の弾みにもなるはずだと、背中を押された。突破口が開けた。

　そこから、中国語が話せる権藤らが訪中を繰り返し、ワシントン条約を所管する国家林業局に猛アタック。神戸の友好都市で毎年のように動物交換をしていた天津市も全面的にバックアップしてくれた。それには理由があった。

　76年、河北省唐山市付近が震源で24万人以上が亡くなったとされる「唐山地震」があり、北京や天津も被災した。このとき、外国人が次々と国外に逃れる中、訪中していた神戸市の建設局幹部らは「復興を一緒にやろう」と、現地に残ったという。だから神戸は「老朋友（ラオ　ポンユウ）」。つまり、「古くからの信頼できる友達」なのだと。

　「ああいう支援がなかったら、とてもじゃないが実現しなかった」と大久保は感謝する。

　さまざまな思いが実を結び、日中共同の飼育繁殖研究という形で交渉がまとまった。

　「ぜひ、神戸にふさわしいパンダを選ばせてほしい」。権藤の後任で園長に就いた大久保は99年秋、中国へ向かった。

（2022/08/18）

ようこそ
神戸へ
2

3組のペアから自分たちで選ぶ

普通は個体を選択できないが、異例で「希望」が通った

　土ぼこりをあげながら、でこぼこ道を進む。

　中国・四川省の空港から車で約3時間。長江の支流をいくつも越え、ダムの向こう、山の奥へと入っていく。

　1999年の11月頃。当時、神戸市立王子動物園園長の大久保は、臥龍自然保護区にある中国パンダ保護研究センターにたどり着いた。

　標高1600メートル。周囲を5000メートル

中国パンダ保護研究センターで過ごしていた頃のタンタン
（王子動物園提供）

級の険しい山々と寒冷湿潤な竹林に囲まれた小さな谷間に、センターはあった。

コンクリートと鉄のおりでできた無機質な獣舎。全部で15、6頭のジャイアントパンダがいた。主にほかの動物に襲われたり、崖から落ちたりしてけがをし、保護された野生の個体だという。治療で元気になれば再び山に返すための施設で、繁殖研究もしていた。

大久保の目的はただ一つ。中国から借りるパンダを、自分たちで選ぶことだった。

周囲を険しい山々に囲まれたタンタンの故郷、
中国パンダ保護研究センター（同園提供）

95年の阪神・淡路大震災で被災した神戸市民や子どもたちを勇気づけたいと、中国に猛アタックして取り付けた借り受け契約の、大詰めである。

「普通、中国はパンダを貸すとき、相手に個体を選ばせることはないわけですよ」と振り返る大久保。「ただ、こっち（神戸）も10年計画の繁殖研究に取り組むという立場だから、当然、それに適したパンダがほしい。異例ではあったけれど、こちらの要望を聞き入れたんじゃないでしょうか」

とはいえ、中国側も「どれでもお好きに」とはいかないようだった。推薦という名のもと、3組のペアが用意されていた。

1組目は、性成熟した10歳前後のペア。2組目はさらにもう少し歳がいった、出産を経験済みのペアだった。

「これじゃあ『もう既に繁殖しとるやないか』と突っ込まれるわな」と、最年長組は見送った。通常は雄なら6歳半から7歳半、雌なら3歳半〜4歳半で性成熟するため、10歳前後で実績がないのも不安に感じた。

冷静に考えると「事実上、選択の余地はなかったに等しい」と笑う大久保。残すはこのセンターで生まれ育った性成熟していない3、4歳のペアだけだった。

同行してくれた動物繁殖の専門家も同じ意見だった。「そりゃ、若い方が楽しみも多い」と、結論が出るのに時間はかからなかった。

繁殖の適性は未知数だが、だからこそ繁殖研究にはふさわしいとも言える。

神戸側の「希望」が通り、「チンズー（錦竹）」「スゥァンスゥァン（爽爽）」と呼ばれたそのコンビが翌年、神戸にやってくることが決まった。　　　　　　　　　　（2022/08/19）

名前公募、最多は「短短」だった

夜明けを意味する「旦」なら縁起が良い

中国から王子動物園に到着したコウコウ（左）とタンタン＝ 2000 年 7 月（同園提供）

2000 年 7 月 16 日夜、神戸市立王子動物園前に 1 台のトラックが止まった。

静まりかえる園内とは対照的に、入場ゲートの外には人だかり。荷台から箱形のおりが二つ下ろされると、市民が拍手喝采で迎えた。

「営業時間外にあれだけにぎやかになるなんて、後にも先にもこのときだけ」と、当時の園長、大久保が懐かしむ。

隙間からチラリと見える白黒の動物に、無数の歓声が飛んだ。「タンタン！」「コウコーウ！」「こっち向いてー」

中国から来たジャイアントパンダ 2 頭の名前は公募で決まった。応募総数は約 4600 件。ただ決定過程は少しイレギュラーになった。

「実は、単純な多数決なら、メスは『短短』になってました」。大久保が明かす。

タンタンの中国名は「爽爽」と書いて「スゥァンスゥァン」と読む。当時、既に国内でパンダを飼育していた上野動物園やアドベンチャーワールドでは中国での名前をそのまま使っており、名前の公募自体が異例だった。

来日が決まり、「市民に親しまれるように自分たちで名付けたい」と神戸側が求めると、中国側も「正式な登録名は変えられないが、愛称であれば構わない」と応じたという。

公募に当たって、市民が名前を考える際の参考になるよう、2 頭のパンダの簡単なプロフィルを園が公表。メスは丸っこい体形がぬいぐるみのようなので、「ちょっと脚が短い」と書き添えてみた。どうやら、それが影響したらしい。

「響きはかわいいが、由来が外見だけというのも……」。悩んだ大久保たちは、「タンタン」の読み方を残しつつ、漢字表記は少数ながら投稿のあった「旦旦」を選んだ。

ちょうど 20 世紀が終わり、21 世紀を迎える。震災を経験した市民にとって、夜明けを

意味する「旦」なら縁起が良い。「パンダが神戸にやってきた意味を伝え続けるのにもふさわしい」と考えたのだった。

ちなみに、オスの初代コウコウも最多は「幸幸」で、同じ読み方で神戸にちなんだ「神神」もあったが、こちらも復興から取った「興興」に落ち着いた。

園長を退任前、タンタンと記念撮影する大久保さん
＝ 2005 年（大久保さん提供）

大久保は 2005 年に退職した。中国への返還（後に延期）が発表された 20 年秋、お別れのつもりで動物園を訪れると、タンタンは屋内獣舎にある体重計のそばで寝そべっていた。

「若い頃に比べると、あまり動かんようになったな、という印象ですね」。相変わらず脚は短くてチャーミングだが、滞在期間は「短短」にならなくて良かった。

「古里の記憶も薄れただろうし、輸送で体に負担がかかるのも心配。これからもずっと神戸で過ごせたらタンタンのためにもなるし、私たちもうれしいよね」　　　　　（2022/08/20）

寝正月

・・

寝台の上でのんびり

中国返還が決まってから、神戸で3度目の年越しを果たしたタンタン。この頃は1日のほとんどを寝て過ごす。飼育員の梅元さんによると、飼育員が出勤してから午前9時ごろまでは日光浴。同10時ごろに健診をした後はしばらく昼寝の時間。午後4時半ごろになると、サトウキビジュースや栄養剤などを混ぜた特製ドリンクを求めて動き出す。

他の時間もまどろんだり、散歩をしたり――というのが基本的なスケジュールだ。

運動量は減り、食欲も落ち着いている。

「だけどそれは 80 歳ぐらいの人間と同じ。体調は安定しています」と梅元さんは話す。

さて、大みそか。年越しの瞬間はというと「屋内展示場の寝台で寝ていました」と飼育員の吉田さん。

映像で確認すると、ちょうど午前0時ごろ、脚をぴくっと動かしていた。未明にはタイヤに座り、竹を数本食べていたという。

パンダに大みそかも正月も関係ない。マイペースな夜を過ごしたようだ。

元日も変わらず寝台でのんびり。最近の休園日の朝は、屋外展示場で日なたぼっこを

年越しの瞬間も寝て過ごしたタンタン

したり、散歩をしたりする
ことが多いが「元日はそ
んな気分じゃなかったみたい」
と吉田さん。まさに寝正月を
過ごしたタンタンだった。

　昨年末、2023年末までの
飼育契約延長が決まった。あ
あ、よかった。担当記者もほっ
と胸をなで下ろしたところだ。

（2023/01/25）

ついに…

歩幅に合わせ手作り階段

　〈ついに……〉

　2月11日、王子動物園の公式SNSに動画と一緒に投稿されたこの短い記事に、1万件
以上の「いいね」がついた。動画には屋外のやぐらでいつものように眠るタンタンが写って
いる。

　何が〈ついに〉かというと――。

　ある事情で、やぐらに上がるための階段を新調したのだが、しばらくタンタンの知らんぷ
りが続いていた。そして設置から約1カ月半、初めて階段を上ったのだ。

　普段でも100件以上のコメントを集めるタンタン。この投稿には約450件ものお祝いメッ
セージが寄せられた。祝福を受けたのは、2人の飼育員だった。

　2022年12月7日、久々にやぐらに上がったタンタン。その時、飼育員の目には以前よ
り上がりにくそうにしているように見えた。27歳。寄る年波には勝てない。

　「タンタンファースト」を貫く飼育員の行動は早かった。4段だった階段を6段にして傾
斜を緩めた。万が一にも転んでしまった時のため、木材の角には丸みを持たせる徹底ぶりだ。

　「上手に上れるかな」「気に入ってくれるといいな」。そんな思いとともにクリスマスの日、
プレゼント代わりに設置した。

　だが、その日は見向きもせず。

飼育員が手作りした階段で、やぐらに上がったタンタン（王子動物園提供）

年が明けた1月11日。近くに行くようになったが触らず。

同18日。すぐそばで寝る。

飼育員が経過をその都度投稿し、ファンはその日を待ちわびていたのだ。

その瞬間を見守っていた飼育員の吉田さんは「良かった良かった」と一安心。

梅元さんは上がる瞬間は見逃したが「やっと使ってくれたことがうれしい」。

さて、親心豊かな2人は「下りは大丈夫かな」と心配したそうだが、簡単に下りられたようだ。

（2023/03/07）

最高齢

「普段通り」の飼育　大切に

問題。国内最高齢のジャイアントパンダは？

答えは「タンタン」だ。

2月、アドベンチャーワールドで飼育されていたパンダの雄「永明」と子2頭が中国に返還された。永明は1992年9月生まれの30歳。国内最高齢のパンダとして長く親しまれた。

繁殖実績はすさまじく、16頭の父でもある。2020年に末娘の「楓浜（フウヒン）」が誕生し、飼育下で自然繁殖した世界最高齢の雄パンダの異名もとった。

そんな永明に代わって国内最高齢になったのが、27歳のタンタンだ。飼育員に思いを聞いてみた。

「僕たちのやることは変わらない。一日一日をしっかり過ごせるように、いつも通りにやるだけ」。飼育員の吉田さんと梅元さんはあくまでも「普段通り」を強調する。

「でも、『最高齢』を意識したことはある」と吉田さんは言う。

国内最高齢になったタンタン

タンタンは飼育・繁殖研究の名目で来日したが、近年のテーマは「高齢パンダの飼育」だった。飼育員としても年齢を重ねることに並々ならぬ思いを持っていたに違いない。

心臓病が見つかってからは治療に重点が置かれているが、体調はずっと安定している。食欲も戻り、竹もリンゴもニンジンもよく食べる。

2人は「本当に生命力がある」とタンタンをほめてから、口をそろえた。

「永明さんはパンダ界のレジェンド。超えられるかどうかではなく、うちの子にも元気な日常を重ねてもらうのが一番です」

（2023/04/07）

マイ竹林

好物のタケノコ　園内栽培

タンタンの好物は言うまでもなく新鮮な竹だ。

神戸市北区淡河町産の竹が、タンタンの胃袋をつかんで離さない至極の逸品であることは、タンタンのファンなら誰でも知っている。

では、こちらはどう

園内で取れたタケノコを食べるタンタン（同園公式SNSより）

だろう。王子動物園の中にも、タンタンのための「竹林」がそこかしこに広がっていることを。

ジャイアントパンダは春先に発情期を迎え、食欲が旺盛になる。タンタンが〝地産地消〟

するための園内栽培は、その時期に食べ頃を迎えるネマガリダケとホテイチクが計６カ所ある。秋が旬のシホウチクも１カ所ある。

　ホテイチクはいつ植えられたか不明だが、ネマガリダケとシホウチクは４、５年ほど前に今の担当飼育員が苗を植えたそう。以来、雑草の処理や間引きなどの手入れを欠かさない。

　飼育員の吉田さんは「初めて食べてくれたときはめっちゃうれしかったなぁ」と思い出す。

　今年も４月に入り、春の２種がぽこぽこと頭を出し始めた。

　特に初物のタケノコには目がないタンタン。右手でつかみ、器用に皮をむいてむしゃむしゃ。

　飼育員が「よしよし」と思っていると、急に知らんぷりが始まる。「グルメ」なタンタンが気分や季節で味の好みが変わるのはいつものことだ。

　「今日はあかんなと思ったら、次はちょっと細いのにしてみる。それで食べてくれたら気持ちが通じたようでうれしい」と吉田さん。

　タケノコが終われば、次は竹の若葉の季節がやってくる。これも好物の一つ。タンタンの好みを模索する日々は続く。　　　　　　　　　　　　　　　　　　　　　　　（2023/05/12）

ありがとう、タンタン

　お別れは突然やってきた。

　いや、そう思いたかっただけなのかもしれない。３年前に心臓疾患が見つかったタンタンは「チームタンタン」の温かく、手厚い見守りの中でおだやかな時間を過ごしていたが、体力の低下は徐々に進んでいたようだ。

　「タンタンの死亡について」というお知らせが在阪の報道機関に一斉に届いたのは2024年４月１日の午後２時。新年度が始まり、神戸にサクラの開花を告げる王子動物園の標本木が淡いピンクの花を咲かせた日だった。

　新聞やテレビ局の記者やカメラマンが息を切らせて王子動物園に集まった。記者会見の開始は午後３時半だ。

　園長の加古裕二郎さん、獣医師の谷口祥介さん、そして飼育担当の梅元良次さん、吉田憲一さんが並んだ。前夜にタンタンが急変してから４人は一息つくまもなく対応に追われ、一睡もしていないはずだ。それでも神戸や関西だけではなく、全国に広がるタンタンファンに一刻も早く感謝を伝えたい。そんな誠実な気持ちが伝わった。

　「悲しく寂しい報告になります」と加古さんが切り出した。タンタンの病状や治療法、思い出などを順番に語っていく。それを聞くうち、４人に共通する感情があるのに気づいた。

　それは、こういうことではないか。できることはすべてやった。タンタンに関わるすべてのスタッフが力を出し切った。タンタンも全力で応えた。それを可能にしたのは、タンタンを応援してくれる全国の人たちの優しさが王子動物園にずっと注がれていたからだ。だから、タンタンも私たちも幸せだった――と。タンタンとはどんな存在でしたか？　記者会見でそう問われた加古さんは最後に言った。

　「なんというか、みんなを明るく照らす、太陽のような存在でした」

会見が終わってパンダ舎に立ち寄ると、すでに数十人の人が集まっていた。テレビのニュースやネットの速報をみて、じっとしていられなかったという。いつもゴロゴロのんびりすごしていた庭にタンタンの姿はないが、「少しでも近くに行きたくて」と話す女性がいた。神戸で過ごしたタンタンの日々に自分の人生を重ね、励ましたり励まされたり。そんな人が大勢いた。

　翌日からは数え切れないほどの花束、手紙、自作のイラストやぬいぐるみが続々と動物園に届いた。連日、数台のトラックが山積みの段ボールを下ろす。梅元さんや吉田さんがそれを一つ一つ開け、整理し、パンダ舎に設けた祭壇に飾った。すぐに置く場所がなくなり、通路にも並べた。それでもまだ届く。

　「僕たちの新しい仕事です。あらためてタンタンのすごさを知りました」と梅元さんは笑った。

　王子動物園では過去に、インドゾウの諏訪子やカバの茶目子、チンパンジーのジョニーら人気者がいたが、これほど人々の心に深く、広く入り込んだ動物はいなかったと思う。それはなぜか。この本をここまで読んでくれた方なら、それぞれに答えを持っているだろう。

　　2024年5月　　　　　　　　　　　　　　神戸新聞論説委員　木村信行

本書は、神戸新聞の地域版や社会面に掲載したパンダの記事から抜粋して編んだ。内容の重複を避けるためなどの理由で一部を修正している。肩書等は原則、掲載当時のままである。これは内輪の話だが、神戸新聞の王子動物園取材は報道部の警察担当（神戸東回り）が担うのが伝統になっている。このため第1章の連載「パンダが神戸にやって来る」と第2章の「コウコウ タンタン神戸的日常」は当時東回りの木村信行（現・論説委員）が、第4章の連載「旦旦的廿年（タンタンの20年）」は、谷川直生（現・明石総局記者）、坂井萌香（現・岐阜新聞記者）、井上太郎（現・報道部記者）の歴代東回りがバトンを受け継いできた。本書の最後が尻切れとんぼのようになっているのは、記者が事件取材に追われていたこともあるが、タンタンはまだ元気に神戸で過ごしてくれるという油断があったからだ。

　第3章は報道部の当時の神戸市政担当や遊軍記者らが執筆した。写真は映像写真部のカメラマンが撮影した。紙面では紹介しきれなかった膨大な写真からは山﨑竜・映像写真部長が本書のために選んだ。タンタンとの面会がかなわなくなってからは王子動物園に提供していただいた。出版にあたっては神戸新聞総合出版センターの西香緒理さんにお世話になった。

　取材に協力してくださったすべての方々、神戸新聞のパンダ連載や記事を応援してくれたすべての方々にお礼を申し上げたい。

　そして何より、みんなに愛された神戸のパンダたちに心からの感謝を伝えたい。

＃神戸新聞チームタンタン

■ジャイアントパンダ　関係略年表

1972（昭和47）年	上野動物園（東京都台東区）で国内初の飼育を開始する
1975（昭和50）年	ワシントン条約発効（商業目的での国際取引の禁止）
1981（昭和56）年	神戸ポートアイランド博覧会（ポートピア'81）で2頭のパンダを展示（オスのサイサイ、メスのロンロン）
1984（昭和59）年	ワシントン条約でパンダの基準が厳格化。輸入は学術研究目的のみに限られる
1985（昭和60）年	人工授精で国内初の出産（上野動物園）
1994（平成6）年	アドベンチャーワールド（和歌山県白浜町）で飼育開始
2000（平成12）年	7月、王子動物園（兵庫県神戸市）で飼育開始。オスは「コウコウ」、メスは「タンタン」と名づけられる
2002（平成14）年	12月、繁殖機能が未熟と判断され、コウコウが帰国。最初からメスだったとみられ、後に出産した。2代目コウコウが来日
2003（平成15）年	自然交配で国内初の出産（アドベンチャーワールド）
2007（平成19）年	8月、タンタンが人工授精で初めて妊娠したが、死産
2008（平成20）年	4月、上野動物園で唯一のパンダが死に、上野にパンダが不在に 8月、タンタンが初めて出産した赤ちゃんが4日目に死ぬ
2010（平成22）年	9月、2代目コウコウが人工授精のための麻酔中に急死
2011（平成23）年	上野動物園に、パンダが「再訪」
2020（令和2）年	タンタンの中国返還が決定するも、新型コロナウイルス感染症蔓延の影響で帰国できない状態に。以降、飼育延長の措置
2021（令和3）年	3月、タンタンに心臓疾患が見つかる
2024（令和6）年	3月31日、タンタン死ぬ、28歳

タンタン、またね

タンタン、ありがとう
神戸とパンダの記録

2024年7月7日　第1版第1刷発行
2024年8月8日　第1版第3刷発行

編　者　神戸新聞社

協　力　神戸市立王子動物園

発行者　金元 昌弘

発行所　神戸新聞総合出版センター

　　　　〒650-0044　神戸市中央区東川崎町1-5-7
　　　　TEL 078-362-7140　FAX 078-361-7552
　　　　https://kobe-yomitai.jp/

デザイン　正木 理恵

印刷所　株式会社 神戸新聞総合印刷